高等学校重点教材（网络测量学）系列

网络测量实验

编著　程　光　杨　望　吴　桦
　　　　胡晓艳　汪　洋　彭艳兵

U0380138

东南大学出版社
SOUTHEAST UNIVERSITY PRESS
·南京·

内 容 提 要

本教材分为 20 章,从实验平台搭建、被动测量方法和主动探测等角度,系统而全面地介绍了网络测量实验领域中涉及的核心技术内容,包括虚拟机环境构建实验、安装 Linux 操作系统实验、报文抓取实验、流量匿名化实验、Bloom Filter 记录查询实验、主动报文发送实验、网络爬虫实验、时延测量实验、带宽测量实验等。教材内容全面、深入,既包括对网络测量的基本知识的介绍,更注重实验操作过程的讲解。对该教材的学习,能够让学生系统掌握网络测量理论并训练实践动手能力,为学生将来进一步从事网络安全相关的工作和研究提供基础理论知识和实践指导,进而培养出具有较高实践能力与分析能力的网络空间安全高层次人才。

图书在版编目(CIP)数据

网络测量实验 / 程光等编著. — 南京 : 东南大学出版社,2023.5
 ISBN 978 - 7 - 5766 - 0748 - 2

Ⅰ. ①网… Ⅱ. ①程… Ⅲ. ①计算机通信网-测量-实验 Ⅳ. ①TN915 - 33

中国国家版本馆 CIP 数据核字(2023)第 082982 号

责任编辑:朱 珉 责任校对:咸玉芳 封面设计:顾晓阳 责任印制:周荣虎

网络测量实验 **Wangluo Celiang Shiyan**

编 著	程 光 杨 望 吴 桦 胡晓艳 汪 洋 彭艳兵
出版发行	东南大学出版社
社 址	南京市四牌楼 2 号(邮编:210096 电话:025 - 83793330)
经 销	全国各地新华书店
印 刷	南京玉河印刷厂
开 本	787 mm×1092 mm 1/16
印 张	14.5
字 数	371 千字
版 次	2023 年 5 月第 1 版
印 次	2023 年 5 月第 1 次印刷
书 号	ISBN 978 - 7 - 5766 - 0748 - 2
定 价	68.00 元

本社图书若有印装质量问题,请直接与营销部联系,电话:025 - 83791830。

前　言

当前，新的一轮科技革命和产业革命加速演进，信息革命时代潮流席卷全球，网络安全威胁和风险日益突出，并且向政治、经济、文化、社会、生态、国防等领域传导渗透，网络安全对国家安全、经济发展具有不可忽视的作用。网络测量学是研究网络特征、行为和性能的一门学科，其目的是通过测量、分析和评估来改善网络的安全性、可靠性和性能，现已成为网络安全的重要研究方向之一。目前国内已有东南大学等近20所高校开设了网络测量的相关课程。

对网络进行研究的最终目的是为了建立高效、稳定、安全、互操作性强、可预测以及可控制的网络，而网络测量是获得第一手网络行为指标和参数的最有效的手段。从概念上讲，网络测量是收集和分析网络协议运行性能的手段，可以帮助我们识别网络不能正常工作的原因。现在网络测量已成为网络研究的重点之一。但是，目前国内缺乏系统全面的网络测量实验教材，这对各大高校加快网络安全人才培养工作非常不利。

本教材是东南大学基于二十年来在网络测量领域的一系列研究成果编写而成，是全国首部网络测量实验教材。本教材共包括20个实验内容，涵盖了实验平台搭建、被动测量方法和主动探测等三大类问题。在平台类实验中，提供了虚拟机环境构建实验和安装Linux操作系统实验，帮助学生熟悉网络测量的实验环境。在被动测量类实验中，提供了报文抓取实验、流量匿名化实验、组流实验、流量抽样实验、网络哈希算法实验、Bitmap计数实验、Bloom Filter记录查询实验、Sketch流量大小实验、Top-k流测量实验、流量分类方法实验，使学生能够掌握被动测量技术的基本方法和应用。在主动探测类实验中，提供了主动报文发送实验、网络扫描实验、网络爬虫实验、时延测量实验、丢包测量实验、带宽测量实验、网络空间拓扑测量实验、基于主干网的特定报文采集实验，让学生了解主动探测技术的基本原理和应用。每个实验都包括实验目的、实验基本原理、实验步骤和实验案例等四个部分，旨在帮助学生了解实验的基本要点和操作流程。每章实验一般分为具体1～2个实验，旨在让学生逐步掌握网络测量学的相关技术。通过该教材的学习，让学生了解网络测量学方面的基础知识和网络测量技术的实际应用，并为他们今后的研究和工作奠定坚实的基础。本教材适用于开展网络测量学课程实验的相关学生，也可以作为网络安全等相关专业的参考书籍。

本自编教材作为东南大学网络空间安全学院的"网络测量学"课程的配套教材使用，《网络测量学》教材2021年被评为江苏省重点建设教材。该实验教材中的实验大多已经在往年的东南大学"网络测量学"本科生实验课程中得到了应用，学生在学习"网络测量学"时配套使用本实验教材可帮助学生深入了解网络测量技术，通过搭建实验平台，学习被动测量方法和主动探测技术，以及相关的实验案例，来掌握网络测量的基本原理和实践技能以解决实际问题。

　　本教材由东南大学网络空间安全学院和南京烽火星空有限公司共同编写,由东南大学程光主编,东南大学杨望、吴桦、胡晓艳等三位教师,烽火星空彭艳兵、汪洋等两位参与编写。在编写过程中,东南大学的戴显龙、魏泽铠、王鹏宇、尹智超、段冰洁、陈佳龙、李佳鹏、陈锦锋、黄瑞琪、李栋阳、李笛、戴琦、赵航宇、李嘉雯、马鸣宇、郭奕璋、毛臣、卞郡菁、孙之桓等研究生,烽火星空的邱秀连一起参与了本教材的资料整理、编写等工作。杨望负责 1、2、14、15 章的撰写,胡晓艳负责 3~6 章的撰写,程光负责 7~11、13 章的撰写,吴桦负责 12、16~18 章的撰写,烽火星空公司的彭艳兵、汪洋负责 19、20 章的撰写,全书由程光统稿。

　　该实验教材得到了国家重点研发项目"下一代网络处理器体系结构及关键技术研究(2018YFB1800602)"、国家自然基金联合重点项目"面向高速端边云网络的加密流量智能识别与态势感知方法研究(U22B2025)"、国家自然基金面上项目"复杂新型网络协议下的加密流量精细化分类方法研究(62172093)"、江苏省重点学科项目"网络空间安全重点学科 A 类项目"等多个国家、省部级项目的支持,在此一并感谢。

程　光
2023 年 1 月于南京东南大学九龙湖校区

目　录

1 虚拟机环境构建实验

1.1 实验目的

学习如何在非 Linux 操作系统下安装配置 Linux 操作系统虚拟机。通过该虚拟机的构建为后续实验搭建平台。

1.2 实验基本原理

虚拟机(Virtual Machine，VM)指通过软件模拟的具有完整硬件系统功能的、运行在一个完全隔离环境中的完整计算机系统。在实体计算机中能够完成的工作在虚拟机中都能够实现。在计算机中创建虚拟机时，需要将实体机的部分硬盘和内存容量作为虚拟机的硬盘和内存容量。每个虚拟机都有独立的 CMOS、硬盘和操作系统，可以像使用实体机一样对虚拟机进行操作。

虚拟机是通过虚拟化技术实现的，虚拟化使用软件来模拟允许多个 VM 在单台机器上运行的虚拟硬件。被称为管理程序的软件将机器的资源与硬件分开，并适当地配置它们，以便 VM 可以使用它们。管理程序负责管理和配置从主机到虚拟机的资源，例如内存和存储。它还安排虚拟机中的操作，以便它们在使用资源时不会相互超限。虚拟机只有在有虚拟机管理程序来虚拟化和分发主机资源时才能工作。虚拟化中使用了两种类型的管理程序。

第一种管理程序也称为裸机管理程序，本地安装在底层物理硬件上。虚拟机直接与主机交互以分配硬件资源，中间没有任何额外的软件层。运行这种管理程序的主机仅用于虚拟化。它们经常出现在基于服务器的环境中，例如企业数据中心。这种管理程序的一些示例包括 Citrix Hypervisor 和 Microsoft Hyper-V。需要一个单独的管理工具来处理访客活动，例如创建新的虚拟机实例或管理权限。

另一种管理程序也称为托管管理程序，在主机计算机的操作系统上运行。托管管理程序将 VM 请求传递给主机操作系统，然后主机操作系统为每个客户提供适当的物理资源。这种管理程序比裸机管理程序运行要慢，因为每个 VM 操作都必须首先通过主机操作系统。与裸机管理程序不同，客户操作系统不依赖于物理硬件。用户可以像往常一样运行虚拟机并使用他们的计算机系统。这使得这种管理程序适用于没有专用虚拟化服务器的个人用户或小型企业。

流行的虚拟机软件大多是第二种管理程序，如 VMLite、VMware、VirtualBox 和 Virtual PC 等，它们都能在 Windows 系统上虚拟出多个计算机。适用于 MacOS 平台的虚拟机解决方案有 Parallels Desktop、VMware、VirtualBox 等。

1.3　实验步骤

本次实验将以 Ubuntu/CentOS 操作系统为例,分别讲解如何在 Windows 和 Mac OS 操作系统上安装配置虚拟机。

1.3.1　Windows 操作系统上演示安装配置虚拟机

步骤 1　下载 Ubuntu 操作系统镜像文件

从 Ubuntu 官方网站 https://cn. ubuntu. com/download/desktop 下载最新的 Ubuntu 长期支持(LTS)版本系统镜像。这里以 Ubuntu 22.04.1 LTS 为例,如需下载其他版本的镜像文件,可以按照网站提示下载所需版本的镜像文件。

步骤 2　下载 VirtualBox 虚拟机管理软件

从 VirtualBox 官方网站 https://www. virtualbox. org/wiki/Downloads 下载安装包。

步骤 3　按照提示安装 VirtualBox

步骤 4　安装 Ubuntu 虚拟机

首先新建虚拟机。VirtualBox 支持 Ubuntu 一键安装,如需设置系统语言、键盘布局、手动设置分区等,请选择跳过一键安装(见图 1.1)。

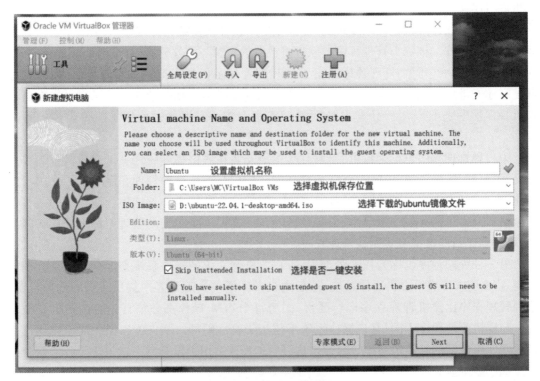

图 1.1　配置虚拟机基本设置

设置内存大小以及 CPU 核数、虚拟硬盘的大小,最后完成初始设置。

步骤 5　配置 Ubuntu 操作系统

选择启动虚拟机。由于分辨率的问题,导致虚拟机窗口大小不合适时,可以在 VirtualBox 菜单栏调整至合适大小。运行完成后,选择操作系统的默认语言。

由于分辨率的问题,可能导致 Virtualbox 虚拟机安装 Ubuntu 系统时,系统页面太小,遮挡了一些选项按键,可以使用 Alt+F7+鼠标左键拖动页面,将选项按钮显示出来。

选择键盘布局,可以使用探测键盘布局的方法确定使用哪一个版本的键盘布局。正常安装会比最小安装占用更长时间以及更多的存储空间,可以按需选择。

选择操作系统的分区方式,如无特殊需求,可以选择清除整个磁盘一键安装;如需手动设置分区,可以选择其他选项自行设置分区方式。设置操作系统时间、用户名和密码。

等待系统内部软件安装。安装完成后选择现在重启操作系统,登录操作系统。

如需调整虚拟机窗口大小,首先在 VirtualBox 菜单栏将缩放比例重置为 100%,在虚拟机内设置显示器分辨率即可调整窗口大小。

当前用户身份为普通用户,如有需要,可以切换至 root 用户,点击右键完成。

步骤 6　更换 apt 下载镜像为国内源地址

首先备份原本的源地址:

```
sudo cp /etc/apt/sources.list /etc/apt/sources.list.bak
```

打开 /etc/apt/sources.list 文件(可将 vim 更换为自己熟悉的编辑器或使用 vi 编辑器):

```
sudo vim /etc/apt/sources.list
```

切换为英文输入法,按 i 键进入文件编辑模式。

清空文件内容,复制要切换的阿里云源地址(见图 1.2):

```
deb http://mirrors.aliyun.com/ubuntu/ bionic main restricted universe multiverse
deb http://mirrors.aliyun.com/ubuntu/ bionic-security main restricted universe multiverse
deb http://mirrors.aliyun.com/ubuntu/ bionic-updates main restricted universe multiverse
deb http://mirrors.aliyun.com/ubuntu/ bionic-proposed main restricted universe multiverse
deb http://mirrors.aliyun.com/ubuntu/ bionic-backports main restricted universe multiverse
deb-src http://mirrors.aliyun.com/ubuntu/ bionic main restricted universe multiverse
deb-src http://mirrors.aliyun.com/ubuntu/ bionic-security main restricted universe multiverse
deb-src http://mirrors.aliyun.com/ubuntu/ bionic-updates main restricted universe multiverse
deb-src http://mirrors.aliyun.com/ubuntu/ bionic-proposed main restricted universe multiverse
deb-src http://mirrors.aliyun.com/ubuntu/ bionic-backports main restricted universe multiverse
```

图 1.2　粘贴要更换的源

按 ESC 键退出编辑模式,直接输入":wq"保存文件并退出。执行如下命令,更新缓存。

```
sudo apt-get update
sudo apt-get upgrade
```

1.3.2 Mac OS 操作系统上演示安装配置虚拟机

接下来将演示如何在 Mac OS 操作系统上安装 VirtualBox 软件。

步骤 1 下载 VirtualBox 虚拟机管理软件

从 VirtualBox 官方网站 https://www.virtualbox.org/wiki/Downloads 下载安装包。注意区分 CPU 版本 Intel 版本或 M 系列版本。

步骤 2 双击下载的 dmg 文件

步骤 3 按照提示安装软件，输入密码进行安全验证

步骤 4 在启动台找到 VirtualBox 图标并双击

安装 Ubuntu 虚拟机的操作与 Windows 系统类似。

2 虚拟网络环境搭建与配置

真实场景下的网络要实现互联互通,既需要物理上的连接,又需要设备上运行的软件的支持,一点细微的配置出错,就可能导致整个网络的阻塞。深入理解计算机网络是如何互联互通的,从深层次理解其底层实现,将使我们对于计算机网络产生新的见解。

本章共设置了一个大实验并分为三个子实验,分三步实现虚拟网络的环境搭建与配置。在第一步中,我们利用 Docker Bridge(网桥)和 Docker Image(镜像)来搭建虚拟网络环境的物理设施和物理连接;在第二步中,我们对网络中的边界网关进行 BGP(Border Gateway Protocol,边界网关协议)配置,实现不同子网的网络通信;第三步中,我们利用 TC 命令,对网络中的链路进行属性上的配置,从而实现简单的链路控制,以模拟真实网络环境下的网络质量变化。

2.1 实验目的

通过学习如何在 Linux 操作系统下利用 Docker 开源软件环境实现一个虚拟的互联网[1],并对虚拟网络链路属性进行配置,加深对现实中互联网的路由和链路属性的理解。具体的实验目标包括:学习如何基于 Docker 和虚拟网络交换机实现一个由虚拟机组成的网络,使虚拟容器之间物理互通;学习 BGP 网络路由协议的配置方法,实现虚拟网络的网络互通;学习使用 Linux 下的 TC 命令配置路由器端口的丢包、带宽和延迟,模拟真实网络环境下的网络质量变化。

2.2 实验基本原理

想要利用容器技术搭建一个互联互通的虚拟网络,需要熟悉容器相关的知识和基本操作,以及一些基本的网络协议知识,具体包括如下知识点:

2.2.1 Docker[2]

Docker 是一个开源的应用容器引擎,它让开发者可以打包他们的应用以及依赖包到一个可移植的容器中,然后发布到任何流行的 Linux 或 Windows 操作系统的机器上,也可以实现虚拟化。容器是完全使用沙箱机制的,并且容器性能开销极低,Docker 整体架构如图 2.1所示。

一个完整的 Docker 由以下几个部分组成:Docker Client(客户端)、Docker daemon(守护进程)、Docker Image(镜像)、Docker Container(容器)。

Docker daemon 是一个运行在宿主机(DOCKER_HOST)的后台进程。我们可通过

Docker 客户端与之通信。

　　Docker Client 是 Docker 的用户界面，它可以接受用户命令和配置标识，并与 Docker daemon 通信。图中，docker build 等都是 Docker 的相关命令。

　　Docker Image 是一个只读模板，它包含创建 Docker 容器的说明，包括容器所用操作系统类型、安装的软件包等。它和系统安装光盘有点像——我们使用系统安装光盘运行系统安装软件，同理，我们使用 Docker 镜像启动容器并运行 Docker 镜像中所描述的程序。

　　Docker Container 是 Docker Image 的可运行实例。镜像和容器的关系有点类似于面向对象中，类和对象的关系。我们可通过 Docker API 或者 CLI 命令来启停、移动、删除容器。

Docker Client/Server 架构

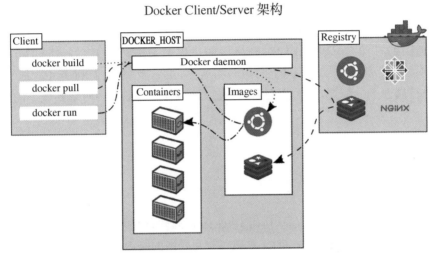

图 2.1　Docker 架构

　　常用的 Docker 命令如表 2.1、表 2.2 所示。

表 2.1　管理 Docker 容器、镜像信息相关常用命令

命令	用途	备注
docker ps	查看容器信息	-a(查看包括已经停止的容器)
docker images	查看镜像信息	后可加镜像名查看单个镜像
docker search［images name］	在仓库中查找镜像	—
docker pull［images name］	下载镜像文件	—

表 2.2　容器的连接、启动、关闭相关常用命令

命令	用途	可选参数
docker run ［images name］	用某镜像创建容器	-d(后台运行)；-it(启动显示输入输出，若不带该参数会无法在控制台看到输出信息)；常用的命令有 docker run-it［images name］/bin/bash，及用某镜像启动容器并启动 bash
docker exec［container id］ ［console commands］	在容器中执行控制台命令	-d(后台运行)；-it(启动显示输入输出，若不带该参数会无法在控制台看到输出信息)；常用的命令有 docker exec-it［container id］/bin/bash，及启动该容器中的 bash
docker stop［container id］	停止容器	—

命令	用途	可选参数
docker start [container id]	启动已停止的容器	—
docker rm [container id]	删除容器	容器停止后仍然存在,只有删除后才会消失,在使用相同名称创建容器时要注意
docker attach [container id]	连接一个容器中已启动的 shell	在一个容器的 shell 中时,输入 exit 便会直接退出容器并停止它;Ctrl p+Ctrl q 则是退出容器,并保持容器运行

2.2.2　BGP 协议

BGP[3]是自治系统(AS)间的路由协议。BGP 交换的网络可达性信息提供了足够的信息来检测路由回路并根据性能优先和策略约束对路由进行决策。特别地,BGP 交换包含全部 AS 路径的网络可达性信息,按照配置信息执行路由策略。当我们说两个 AS 之间存在网络连接时,意味着两件事:①物理连接:两个 AS 之间存在一条共享的数据链路子网,并且在该子网上,每个 AS 至少有一台自己的边界网关路由器;②BGP 连接:在各个 AS 的 BGP 发言人之间有一个 BGP 会话进程,通过会话沟通路由,从而实现不同子网之间的网络寻址,实现网络层面的互通。

2.2.3　TC(Traffic Control)

带宽、延迟和丢包是影响网络传输质量的重要参数,在 Linux 系统内我们可以通过 TC[4](流量控制)命令实现以上参数的仿真。TC 用于 Linux 内核的流量控制,其原理主要是通过在输出端口处建立一个队列来实现流量控制。通过设置不同类型的网络接口队列,改变数据包发送的速率和优先级,从而达到流量控制的目的。因此,TC 比较适用于需要对指定主机的输出流量进行控制的应用场景。

2.3　实验步骤

2.3.1　整体流程

使用容器技术搭建虚拟互联网络,步骤流程图如图 2.2 所示,简要步骤说明如下:

a. 搭建虚拟网桥、下载并修改镜像文件、将设备接入虚拟网络;

b. 配置边界网关协议,实现不同子网设备网络互通;

c. 对链路属性进行设置,实现简单链路控制。

图 2.2　实验步骤流程

本实验将利用或改造已有的 Docker Images 来建立我们所需要的路由器、主机容器,并利用 Docker Bridge 建立实验所需的虚拟 Docker 网络,将我们的虚拟路由器、主机加入这些网络中,组建我们的虚拟互联网,最后通过配置 BIRD(BGP 协议服务软件),实现网络中的主机互通。实验网络拓扑图如图 2.3 所示,对网络中的设备及网络含义说明如表 2.3 所示。

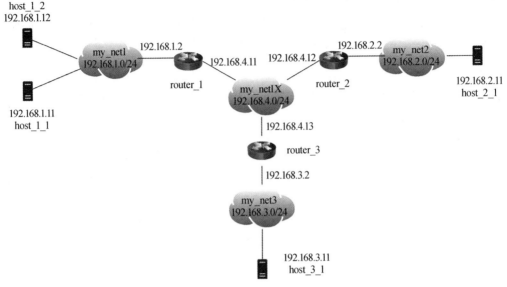

图 2.3　实验网络拓扑图

其中,需要解释一下的是网络 my_netIX 的意义:在实际互联网中,每一对 AS(网络自治域)的 BGP router(路由器),都需要在一个称为 Internet Exchange(网络交换)的地方进行 BGP peering(BGP 时等互联),这个设施一般是由该区域的运营商提供,这样可以保证路由的安全,并且方便管理与维护。实验中利用 my_netIX 网络来模拟 BGP routers 在 Internet Exchange 中的物理互连。

表 2.3　实验各对象说明

对象名称	IP 地址/子网掩码	说明
my_net1	192.168.1.0/24	自治域 AS1
my_net2	192.168.2.0/24	自治域 AS2
my_net3	192.168.3.0/24	自治域 AS3
my_netIX	192.168.4.0/24	Internet Exchange 所在网段
host_1_1	192.168.1.11	在 my_net1 中的 1 号节点主机
host_1_2	192.168.1.12	在 my_net1 中的 2 号节点主机
host_2_1	192.168.2.11	在 my_net2 中的 1 号节点主机
host_3_1	192.168.3.11	在 my_net3 中的 1 号节点主机
router_1	192.168.4.11、192.168.1.2	自治域 AS1 的 BGP router
router_2	192.168.4.12、192.168.2.2	自治域 AS1 的 BGP router
router_3	192.168.4.13、192.168.3.2	自治域 AS1 的 BGP router

在搭建完成整个网络架构后,我们将继续进行 BGP 的配置和设定链路延迟、带宽等后续操作。整个步骤将分为实验基础设施搭建、设备默认网关与路由器 BIRD 配置、利用 TC 命令对网络进行延迟和丢包配置三个子实验进行。

2.3.2 实验基础设施搭建

1) 构造 Docker 网络

我们利用 Docker 提供的 Bridge 驱动来创建我们所需的用户网络 my_net1、my_net2、my_net3 及 my_netIX。

```
seed@ VM:~ $ docker network create--driver bridge my_net1--subnet 192.168.1.0/24
seed@ VM:~ $ docker network create--driver bridge my_net2--subnet 192.168.2.0/24
seed@ VM:~ $ docker network create--driver bridge my_net3--subnet 192.168.3.0/24
seed@ VM:~ $ docker network create--driver bridge my_netIX--subnet 192.168.4.0/24
```

这里拟用 192.168.1.0/24、192.168.2.0/24、192.168.3.0/24、192.168.4.0/24 四个网段作为实现网段,但是由于不同虚拟机配置原因,这些网段在某些主机上已经存在占用,或者与 Docker 自带网桥 docker0 相冲突,这里需要提前利用"ifconfig"命令,查看主机各网口网段占用情况,根据实际情况修改四个网段的地址。例如使用 192.168.11.0/24、192.168.12.0/24、192.168.13.0/24、192.168.14.0/24 来替代,网段的选取最好要便于区分和理解。

输入命令后,可以利用"docker network ls"命令查看刚刚创建的网络结构。

```
seed@ VM:~ $ docker network ls
NETWORK ID              NAME              DRIVER        SCOPE
6b9d113463ed            my_net1           bridge        local
621fcb736712            my_net2           bridge        local
bbc7b67aec9e            my_net3           bridge        local
270ed5a1c77e            my_net4           bridge        local
1d832b75a3c0            bridge            bridge        local
b3581338a28d            host              host          local
```

2) 构造 router images

BIRD[5] 是 BIRD Internet Routing Daemon 的缩写,是一款可运行在 Linux 和其他类 Unix 系统上的路由软件,它实现了多种路由协议,比如 BGP、OSPF、RIP 等。由于 BIRD 的安装较为繁琐,所以我们在 Docker 镜像源中利用命令"docker search bird2"来寻找已经安装好 BIRD2.0 的 Docker 镜像。

```
[11/06/22]seed@ VM:~ $  docker search bird2
NAME                    DESCRIPTION             STARS       OFFICIAL       AUTOMATED
jortgies/bird2- bgpq3                                                      0
dluga93/bird2img                                                          0
bird2brother/dicom- gateway- adapter                                      0
bird2021/docker101tutorial                                                0
imlonghao/bird2exporter                                                   0
bird23074035/docker101tutorial                                            0
platinasystems/bird2                                                      0
jcollie/bird2                                                             0
mhristache/kbird        BIRD2 routing daemon for Kubernetes              0
sirmysterion/bird2      BIRD Internet Routing Daemon                     0
```

利用以下命令对镜像"jortgies/bird2－bgpq3"进行下载。由于该镜像缺少一些实验所必要的工具,我们要对其进行修改。

```
docker pull jortgies/bird2- bgpq3
```

用以下命令选择该镜像启动容器,并以显示输入输出的形式运行容器中的/bin/bash。

```
docker run- it- d jortgies/bird2- bgpq3 /bin/bash
```

之后利用"docker attach"连接到打开的 bash。注意,这里"attach"关键词后的 docker id 需要输入你实际运行后产生的控制台输出。

```
seed@ VM:~ $  docker run - it - d jortgies/bird2- bgpq3 /bin/bash
46551faaf290390ac07433a25c7ec4dc20703e4100b69d4b93fae6e31e2166d3
seed@ VM:~ $  docker attach 4655
root@ 46551faaf290:~ #
```

最后,更新 apt-get 源并安装一些必要的 Linux 工具,这里可以根据个人需求进行增添或者减少。

```
root@ 46551faaf290:~ # apt update
root@ 46551faaf290:~ # apt install vim
root@ 46551faaf290:~ # apt install sudo
root@ 46551faaf290:~ # apt install iproute2
root@ 46551faaf290:~ # apt install net-tools
```

安装完所需软件后的容器用命令"docker commit 4655 my-router"保存镜像名为 my-router 。利用命令"docker images"查看。

```
seed@ VM:~ $  docker commit 4655 my- router
sha256:ca01220f07b63e46c42a22c5b7b73c308f5915ae0e3efd82e9e74adbef150980
seed@ VM:~ $  docker images
REPOSITORY          TAG        IMAGE ID        CREATED        SIZE
my- router          latest     fe330644010d   20seconds ago815MB
```

3) 配置虚拟设备

首先下载 busybox 镜像,作为网络中主机的镜像。

```
seed@ VM:~ $  docker pull busybox
```

我们利用"busybox"镜像建立各个主机,并设置其 IP、加入的网络和名称。

```
docker run - it - d -- network= my_net1 -- ip 192. 168. 1. 11 -- name host_1_1 busybox
docker run - it - d -- network= my_net1 -- ip 192. 168. 1. 12 -- name host_1_2 busybox
docker run - it - d -- network= my_net2 -- ip 192. 168. 2. 11 -- name host_2_1 busybox
docker run - it - d -- network= my_net3 -- ip 192. 168. 3. 11 -- name host_3_1 busybox
```

使用我们刚刚自制的 router 镜像创建容器,首先将其全部加入 my_netIX 中。

```
docker run - it - d -- network= my_netIX -- ip 192.168. 4. 11 -- name router_1 my- router /bin/bash
```

```
docker run - it - d -- network= my_netIX -- ip 192.168.4.12 -- name router_2 my- router /
bin/bash
docker run - it - d -- network= my_netIX -- ip 192.168.4.13 -- name router_3 my- router /
bin/bash
```

再依次将它们加入所连接的第二个网络，并设置对应的 IP。

```
docker network connect my_net1 router_1 - - ip 192.168.1.2
docker network connect my_net2 router_2 - - ip 192.168.2.2
docker network connect my_net3 router_3 - - ip 192.168.3.2
```

至此，我们将所有的虚拟设备在"物理"连接到了所属的网络中，但是还是无法互相 ping 通的状态，关于网关、路由协议的配置，将在下一子实验给出。

4）配置设备默认网关与路由器 BIRD

该部分实验将告诉你如何在 BIRD 上完整地配置 BGP 协议，实现不同子网之间的网络互通。

更改主机默认网关：

利用"docker ps"命令查看所有已经启动的容器。

```
seed@ VM:~ $ docker ps
CONTAINER ID   IMAGE       COMMAND       CREATED      STATUS     PORTS      NAMES
46c6978c9ab1   my-router   "/bin/bash"   3 days ago   Up 3 days  179/tcp    router_3
23a3e028cdc3   my- router  "/bin/bash"   3 days ago   Up 3 days  179/tcp    router_2
760f2df8a039   my-router   "/bin/bash"   3 days ago   Up 3 days  179/tcp    router_1
6b6f10c7c3ef   busybox     "sh"          6 days ago   Up 6 days             host_3_1
dc0211ee565b   busybox     "sh"          6 days ago   Up 6 days             host_2_1
6411ebed5ecb   busybox     "sh"          6 days ago   Up 6 days             host_1_2
d16557afdc71   busybox     "sh"          6 days ago   Up 6 days             host_1_1
```

利用"docker attach"命令进入 host_1_1，再利用"ip r"命令查看路由表。

```
seed@ VM:~ $  docker attach host_1_1
/ # ip r
default via 192.168.1.1 dev eth0
192.168.1.0/24 dev eth0 scope link   src 192.168.1.4
192.168.2.0/24 dev eth1 scope link   src 192.168.2.111
```

可以看到该主机的默认网关地址为 192.168.1.1 而不是我们想要的路由器地址 192.168.1.2。这是因为在 Docker 网络创建时，会默认生成一个虚拟默认网关，而这并不是我们想要的。此时依次按下 Ctrl＋p 和 Ctrl＋q 退出容器。利用下列命令删除原有网关路由并添加新网关路由。

```
seed@ VM:~ $ docker exec--privileged host_1_1 route add default gw 192.168.1.2 eth0
seed@ VM:~ $ docker exec--privileged host_1_1 route del default gw 192.168.1.1 eth0
```

相同的，利用该指令依次修改所有主机的默认网关，使之变为我们对应路由器的 IP 地址。

```
seed@ VM:~ $ docker exec--privileged host_1_2 route add default gw 192.168.1.2 eth0
seed@ VM:~ $ docker exec--privileged host_1_2 route del default gw 192.168.1.1 eth0
seed@ VM:~ $ docker exec--privileged host_2_1 route add default gw 192.168.2.2 eth0
seed@ VM:~ $ docker exec--privileged host_2_1 route del default gw 192.168.2.1 eth0
seed@ VM:~ $ docker exec--privileged host_3_1 route add default gw 192.168.3.2 eth0
seed@ VM:~ $ docker exec--privileged host_3_1 route del default gw 192.168.3.1 eth0
```

配置路由器中 BIRD 的配置文件：

BIRD 中各种配置以 protocol 关键词为开头，相关的关键词有 pipe、static、bgp 等等。下面以 router_2 和 router_1 之间的 BGP peering 为例，讲解 BIRD 中 BGP 的配置。

首先，利用 docker attach 命令连接容器 router_1 的控制台，有关 BIRD 的配置文件存放在/usr/local/etc/bird.conf 中，使用 vim 打开 bird.conf 进行编辑。

```
seed@ VM:~ $ docker attach router_1
root@ 23a3e028cdc3:/# cd /usr/local/etc
root@ 23a3e028cdc3:/usr/local/etc# ls
bird.conf
root@ 23a3e028cdc3:/usr/local/etc# vim bird.conf
```

在文件开头部分，需要修改 router id，将其配置为路由器所属网络的 IP 即可。

```
router id 192.168.1.2;
```

紧接着在空行，写入如下两行配置。

```
ipv4 table t_bgp;           # 用于存放 BGP peering 所得到的路由表
ipv4 table t_direct;        # 用于获得 Linux kernel 中的路由表信息
```

这两条语句声明了两个 BIRD table(BIRD 中默认自带路由表为 master4)，这些 table 分别用于存储不同的路由信息。在 BIRD 中可以通过 pipe 关键字来定义路由表的传递，它可以使得 BIRD table 相互间传递路由表，也可以用于 BIRD table 和 Linux kernel 之间的路由表的交换，命令如下，加入两个 pipe 配置。

```
protocol pipe {            # 将 t_direct 中的路由表全部传入 t_bgp 中，用于 BGP 路由的交互
        table t_direct;
        peer table t_bgp;
        import all;
        export all;
}

protocol pipe {            # 将 t_bgp 中的路由表全部传送入 master4 中
        table t_bgp;
        peer table master4;
        import all;
        export all;
}
```

"table t_direct"用于获得 Linux kernel 中的路由信息，我们利用"direct"关键字进行如下配置。

```
protocol direct local_nets {
        ipv4{
                table t_direct;
                import all;
        };
        interface "eth0";              # 将网口 eth0 的路由信息加入
        interface "eth1";              # 将网口 eth1 的路由信息加入
        ipv6;                          # ... and to default IPv6 table
}
```

之后,利用 bgp 关键字加入下列 BGP peering 配置。其中 local 后面是 router_1 在 my_netIX 中的 IP 地址,as 1 意思是作为 AS(Autonomous System)1,neighbor 后面是与 router_1 进行 BGP peering 的对等实体。

```
protocol bgp u_as2{
        ipv4 {
                table t_bgp;
                import all;            # 所有信息接收
                export all;            # 所有信息发送
                next hop self;
        };
        local 192.168.4.11 as 1;
        neighbor 192.168.4.12 as 2;
}
```

最后用"kernel"关键字将 master4 和 Linux kernel 中的路由信息进行交互。

```
protocol kernel {
        ipv4 {
                table master4;
                import all;
                export all;
        };
        learn;
}
```

至此,对于 router_1 的配置全部完成,对于 router_2 的配置大致相同,仅有的区别在于 router id 和 bgp 关键字的配置,改动如下。

```
router id 192.168.2.2;
protocol bgp u_as1{
        ipv4 {
                table t_bgp;
                import all;            # 所有信息接收
                export all;            # 所有信息发送
                next hop self;
        };
        local 192.168.4.12 as 2;
        neighbor 192.168.4.11 as 1;
}
```

完成两个 router 的配置后,需要对使用"birdc configure"进行平滑重启,使配置生效。

在 host 主机中输入如下两条命令。

```
seed@ VM:~ $ docker exec--privileged router_2 sudo birdc configure
BIRD 2.0.7 ready.
Reading configuration from /usr/local/etc/bird.conf
Reconfigured
seed@ VM:~ $ docker exec--privileged router_1 sudo birdc configure
BIRD 2.0.7 ready.
Reading configuration from /usr/local/etc/bird.conf
Reconfigured
```

到此 router_1 和 router_2 的配置全部结束,此时,host_1_1 已经可以 ping 通 host_2_1。

```
[11/06/22]seed@ VM:~ $  docker attach host_1_1
/ #  ping 192.168.2.11
PING 192.168.2.11 (192.168.2.11): 56 data bytes
64 bytes from 192.168.2.11: seq=0 ttl=62 time=0.167 ms
64 bytes from 192.168.2.11: seq=1 ttl=62 time=0.173 ms
64 bytes from 192.168.2.11: seq=2 ttl=62 time=0.109 ms
64 bytes from 192.168.2.11: seq=3 ttl=62 time=0.109 ms
---192.168.2.11 ping statistics ---
4 packets transmitted, 4 packets received, 0% packet loss
round- trip min/avg/max = 0.109/0.139/0.173 ms
```

同理,请仿照上述配置过程,完成对 router_1 与 router_3 之间,router_2 与 router_3 之间的 BGP peering 配置。在你的配置过程中,可以使用"ip r"命令记录配置过程中 BGP router 的路由表的变化,最后用"traceroute""ping"等命令证明三个网络之间的连通性。

5) 利用 TC 命令对网络进行延迟和丢包配置

该部分实验将告诉你一些 TC 命令的简单用法,你可以通过这些用法对网络的时延、带宽等属性进行配置。

限制带宽:

使用如下命令,在 router_1 的 eth0 端口限制 500 Kb/s 的带宽以及 15 Kb 的缓存。其中"tbf"是 Token Bucket Filter(令牌桶过滤器)的简写,适用于把流速降低到某个值。

```
seed@ VM:~ $  docker exec -- privileged router_1 sudo tc qdisc add dev eth0 root tbf
rate 500Kbit latency 50ms burst 15Kb
```

设置延迟:

使用如下命令,利用关键词 add、change、del 对延迟规则进行添加、修改和删除。

```
seed@ VM:~ $  docker exec -- privileged router_1 sudo tc qdisc add dev eth0 root netem
delay 1500ms
seed@ VM:~ $  docker exec -- privileged router_1 sudo tc qdisc change dev eth0 root
netem delay 100ms
seed@ VM:~ $  docker exec -- privileged router_1 sudo tc qdisc del dev eth0 root netem
delay 100ms
```

同时在 host_1_1 中使用命令"ping 192.168.2.11"持续观察网络延迟状况。可以看到网络延迟由一开始 0.1 ms 变为 1500 ms 再变为 100 ms,最后恢复开始状态。

```
/ # ping 192.168.2.11
PING 192.168.2.11 (192.168.2.11): 56 data bytes
64 bytes from 192.168.2.11: seq=0 ttl=62 time=0.104 ms
64 bytes from 192.168.2.11: seq=1 ttl=62 time=0.110 ms
64 bytes from 192.168.2.11: seq=2 ttl=62 time=0.114 ms
64 bytes from 192.168.2.11: seq=3 ttl=62 time=0.116 ms
64 bytes from 192.168.2.11: seq=4 ttl=62 time=0.124 ms
```

设置丢包：

与设置网络延迟类似，将关键字 delay 替换为 loss 即可设置网口的丢包率。

```
seed@ VM:~ $ docker exec -- privileged router_1 sudo tc qdisc add dev eth0 root netem
loss 50
```

此时再次执行 ping 命令，结束后可看到产生丢包，丢包率接近 50%。

```
/ # ping 192.168.2.11
PING 192.168.2.11 (192.168.2.11): 56 data bytes
64 bytes from 192.168.2.11: seq=0 ttl=62 time=0.103 ms
64 bytes from 192.168.2.11: seq=4 ttl=62 time=0.118 ms
64 bytes from 192.168.2.11: seq=6 ttl=62 time=0.179 ms
64 bytes from 192.168.2.11: seq=7 ttl=62 time=0.106 ms
^C
--- 192.168.2.11 ping statistics ---
28 packets transmitted, 15 packets received, 46%  packet loss
round-trip min/avg/max = 0.096/0.117/0.179 ms
```

仿照上述配置过程，将 AS1、AS2 之间网络延迟设置为 200 ms，丢包率 20%；将 AS2、AS3 之间网络延迟设置为 300ms，丢包率 40%；记录你的配置过程，并利用"traceroute"和"ping"等命令解释并证明你的设置。

2.4 实验案例

在 Linux 操作系统环境下进行实验，使用上述步骤建立起实验所需的目标网络，具体网络结构同图 2.3 所示，所创建的 Docker Bridge 如图 2.4 所示，所创建与启动的容器如图 2.5 所示。

```
[03/30/23]seed@VM:~$ docker network ls
NETWORK ID          NAME                      DRIVER              SCOPE
0fdb111af3b7        bridge                    bridge              local
b3581338a28d        host                      host                local
373dd29e2e45        my_net1                   bridge              local
54b2274cc822        my_net2                   bridge              local
8f9a64c1b42d        my_net3                   bridge              local
c4588329def0        my_netIX                  bridge              local
77acecccbe26        none                      null                local
```

图 2.4 实验案例中创建的 Docker Bridge

```
[03/30/23]seed@VM:~$ docker ps
CONTAINER ID      IMAGE               COMMAND          CREATED
   STATUS            PORTS             NAMES
de65cd73e7ed      my-router           "/bin/bash"      11 days ago
   Up 11 days        179/tcp           router_3
60bfb66730da      my-router           "/bin/bash"      11 days ago
   Up 11 days        179/tcp           router_2
6f02026b8adc      my-router           "/bin/bash"      11 days ago
   Up 11 days        179/tcp           router_1
654d8d2417b9      busybox             "sh"             11 days ago
   Up 11 days                          host_3_1
4fc390c647ed      busybox             "sh"             11 days ago
   Up 11 days                          host_2_1
d4a381e3ac5c      busybox             "sh"             11 days ago
   Up 11 days                          host_1_2
c0c7ddd87355      busybox             "sh"             11 days ago
   Up 11 days                          host_1_1
607649816ecd      jortgies/bird2-bgpq3 "/bin/bash"     11 days ago
   Up 11 days        179/tcp           quizzical_bouman
```

图 2.5　实验案例中创建与启动的容器

请按照先前介绍的方法,对 router_1 和 router_2 之间进行 BGP 协议的配置,使两者所在子网实现网络层通信;之后,对 router_2 在子网 192.168.2.0/24 的端口利用 TC 命令,配置了 1500 ms 的延迟与 5% 的丢包率,对链路质量进行了模拟,并从 host_1_1 对 host_2_1 进行了 ping 命令,配置效果如图 2.6 所示。

```
/ # ping 192.168.2.11
PING 192.168.2.11 (192.168.2.11): 56 data bytes
64 bytes from 192.168.2.11: seq=0 ttl=62 time=1502.952 ms
64 bytes from 192.168.2.11: seq=1 ttl=62 time=1508.482 ms
64 bytes from 192.168.2.11: seq=2 ttl=62 time=1524.802 ms
64 bytes from 192.168.2.11: seq=3 ttl=62 time=1525.166 ms
64 bytes from 192.168.2.11: seq=4 ttl=62 time=1525.719 ms
```

图 2.6　TC 命令配置效果

3 报文抓取实验

数据包抓取是用于保证网络安全和高效运行的重要操作。常用的网络抓包和分析工具包括 tcpdump 和 Wireshark,能够使用这些工具是很重要的,但对于网络安全专业的学生来说,更重要的是了解这些工具是如何工作的,即数据包抓取是如何在软件中实现的,这也正是本章实验的主要内容。

本章共设置了两个实验用于报文抓取。实验一中,我们使用 libpcap 进行可指定数量及过滤规则的抓包;实验二中,我们在实验一的基础上,进行可指定时间及包含数据包协议解析的抓包。

3.1 实验 1:使用 libpcap 过滤抓包实验

3.1.1 实验目的

理解数据包抓取原理,并在 Linux 环境下,利用 C 语言编写程序,实现使用 libpcap 抓取可指定数量和过滤规则的数据包。

3.1.2 实验基本原理

数据包抓取(packet capture)是将网络传输发送与接收的数据包进行截获、重发、编辑、转存等操作,也用来进行网络安全检测。从攻击者的角度,抓包也可能被用来窃取密码和其他敏感数据。

libpcap(Packet Capture Library),即数据包捕获函数库[6]。该库提供的 C 函数接口用于捕获经过指定网络接口的数据包,可以统计流量数据,也可以添加过滤规则分析数据包数据内容。Linux 下著名的 tcpdump 软件就是以它为基础开发的。

libpcap 主要由两部分组成,网络分接头(network tap)和数据过滤器(packet filter)。网络分接头从网络设备驱动程序中收集数据,进行拷贝,过滤器决定是否接收该数据包。libpcap 利用 BSD packet filter(BPF)算法[7]对网卡接收到的链路层数据包进行过滤,BPF 算法的基本思想是在有 BPF 监听的网络中,网卡驱动将接收到的数据包复制一份交给 BPF 过滤器,过滤器根据用户定义的规则决定是否接收该数据包,以及需要拷贝该数据包的哪些内容,然后将过滤后的数据交给过滤器关联的上层应用程序。

libpcap 的包捕获机制就是在数据链路层加一个旁路处理,当一个数据包到达网络接口时,libpcap 首先利用已经创建的套接字从数据链路层驱动程序中获得该数据包的拷贝,再将数据包发给 BPF 过滤器,BPF 过滤器根据用户定义的规则将数据包逐一匹配,匹配成功的放入内核缓冲区,匹配失败的直接丢弃。如果没有设置过滤规则,那么所有的数据包都将放入内核缓冲区并且传递给用户缓冲区。

pcap 文档[8]（https：//www. tcpdump. org/manpages/pcap. 3pcap. html）给出了 libpcap 库中的方法和数据结构的描述。

安装 libpcap，可以执行下方安装命令或手动下载源码编译安装。

```
$  sudo apt-get install libpcap-dev
```

安装之后，用以下命令编译程序，注意需要以 root 身份或用 sudo 运行该程序，以获得访问网卡的权限。

```
$ sudo gcc <filename>-lpcap
```

3.1.3　实验步骤

1）整体流程

下面，我们开始用 C 语言编写一个可指定抓包数量和过滤规则的抓包程序，程序流程的简要步骤如下：

　　a. 获取主机上所有可用网络设备或接口的列表；

　　b. 获取指定接口的 IP 地址、子网掩码等网络参数；

　　c. 打开指定的网络接口，返回用于捕捉数据包的描述字；

　　d. 构造数据包过滤表达式，编译该表达式，应用该过滤器；

　　e. 捕获指定数量的数据包，使用回调函数处理每个数据包。

2）获取网络接口

pcap_findalldevs()构建一个主机上所有可用的网络设备或接口的列表，并将指向该列表的指针存储在变量 alldevsp 中。

函数原型为 int pcap_findalldevs(pcap_if_t ∗ ∗ alldevsp, char ∗ errbuf)，其中：

alldevsp：一个指向 pcap_if_t 结构数组的指针。

errbuf：一个字符指针，包含函数调用过程中发生的任何错误信息。

如果函数执行成功，alldevsp 指向列表的第一个元素；如果未找到设备，alldevsp 指向 NULL。如果函数执行出现错误，则会在 errbuf 中存储错误消息，并且可以使用该错误消息进行进一步处理。

```
if (pcap_findalldevs(&alldevsp, errbuf) )
{
    printf("Error finding devices : % s" , errbuf);
    exit(1);
}
```

3）获取网络参数

pcap_lookupnet()可以获取指定网络接口的 IP 地址，子网掩码等信息，原型为 int pcap_lookupnet(const char ∗ device, bpf_u_int32 ∗ pNet, bpf_u_int32 ∗ pMask, char ∗ errbuf)，其中：

pNet：传出参数，指定网络接口的 IP 地址。

pMask：传出参数，指定网络接口的子网掩码。

```
pcap_lookupnet(dev, &pNet, &pMask, errbuf);
```

4）打开网络接口

pcap_open_live()会返回指定接口的 pcap_t 类型指针,后面的所有操作都要使用这个指针。其函数原型为:pcap_t * pcap_open_live(const char * device, int snaplen, int promisc, int to_ms, char * errbuf),其中:

device:第一步获取的网络接口字符串,可以直接使用硬编码。

snaplen:定义捕获数据的最大字节数,一般使用 BUFSIZ,该参数一般位于<pcap.h>中,若没有定义,应使用 unsigned int 的最大值。

promisc:指定是否将网络接口置于混杂模式,若设置为 true 可以使用混杂模式进行数据包的抓取。

to_ms:指定超时时间(毫秒)。

errbuf:仅在 pcap_open_live()函数出错返回 NULL 时用于传递错误消息。

使用 pcap_open_live()函数打开指定的网络接口,并返回一个 handle,用于后续的数据包捕获和分析操作。

```
handle = pcap_open_live(dev, BUFSIZ, 0,-1, errbuf);
```

5）过滤数据包

过滤数据包需要完成三件事:

(1) 构造过滤表达式;

(2) 编译表达式;

(3) 应用过滤器。

下面依次对三个部分进行说明。

(1) 构造过滤表达式

过滤表达式有很多参数,支持针对网络层、协议、主机、网络或端口的过滤,并提供 and、or、not 等逻辑语句来帮助你去掉无用的信息。这里举几个不同类型的例子以供参考。

①只接受某个 IP 地址的数据包:src host 127.0.0.1。

②只接受 TCP/UDP 的目的端口是 80 的数据包:dst port 80。

③不接受 TCP 数据包:not tcp。

④只接受 SYN 标志位置(TCP 首部开始的第 13 个字节)且目标端口号是 22 或 23 的数据包:tcp[13]==0x02 and (dst port 22 or dst port 23)。

⑤只接受 icmp 的 ping 请求和 ping 响应的数据包:icmp[icmptype]==icmp-echoreply or icmp[icmptype]==icmp-echo。

⑥只接受以太网 MAC 地址为 00:00:00:00:00:00 的数据包:ehter dst 00:00:00:00:00:00。

⑦只接受 IP 的 ttl=5 的数据包(IP 包的第 9 个字节为 ttl):ip[8]==5。

(2) 编译过滤表达式

pcap_compile()将上述过滤表达式编译成内核级的包过滤器。

它的函数原型为 int pcap_compile(pcap_t * p, struct bpf_program * fp, char * str, int optimize，bpf_u_int32 netmask)，其中：

　　fp：传出参数，指向编译后的过滤程序结构体的指针。

　　str：表示要编译的过滤表达式字符串。

　　optimize：表示是否需要优化过滤表达式。

　　netmask：指定网络接口的子网掩码，如果不知道子网掩码，可以将它的值设置为 0。

　　如果函数 pcap_compile() 执行成功，fp 指针指向编译后的过滤程序结构体。如果函数执行出现错误，函数返回值为 −1，并且输出错误信息。

```
if (pcap_compile(handle, &fp, argv[1], 0, pNet) == -1)
{
    printf("\npcap_compile() failed\n");
    return -1;
}
```

　　（3）应用过滤器

　　通过函数 pcap_setfilter() 来设置过滤规则，其原型为 int pcap_setfilter(pcap_t * p, struct bpf_program * fp)，其中：

　　p：一个通过 pcap_open_live() 或 pcap_create() 函数获得的 pcap_t 指针。

　　fp：一个指向编译后的过滤程序的指针，用于指定要应用的过滤器。

　　如果使用编译好的过滤程序结构体对抓包句柄进行过滤设置成功，pcap_setfilter() 函数返回 0；否则，返回−1 并输出错误信息。

```
if(pcap_setfilter(handle, &fp) == -1)
{
    printf("\npcap_setfilter() failed\n");
    exit(1);
}
```

　　6）捕获数据包

　　libpcap 提供了核心函数 pcap_loop() 来实现持续抓包，接着在回调函数中可以挖掘我们想要的数据包信息。它的函数原型为 int pcap_loop(pcap_t * p, int cnt, pcap_handler callback, u_char * user)，其中：

　　p：一个指向用 pcap_open_live() 或 pcap_create() 返回的 pcap_t 结构体的指针，表示要处理的数据包来源。

　　cnt：指定要处理的数据包数量，一旦抓到了 cnt 个数据包，pcap_loop 立即返回。负数的 cnt 表示 pcap_loop 一直循环抓包，直到出现错误。

　　callback：一个回调函数指针，用于处理每个捕获的数据包。

　　user：一个指向传递给回调函数的数据的指针。

　　pcap_loop() 函数将持续循环，每次捕获一个数据包，然后调用回调函数 callback() 进行处理，直到捕获的数据包数量达到设定的值 cnt 或者出现错误为止。

```
pcap_loop(handle,cnt, callback, NULL);
```

　　上述回调函数 callback() 的原型为 void callback(u_char * user, const struct pcap_ pkthdr * pkthdr, const u_char * packet),其中：

user：一个指向传递给回调函数的数据的指针，是 pcap_loop() 的最后一个参数。

pkthdr：收到的数据包的 pcap_pkthdr 类型的指针，表示捕获到的数据包的基本信息，包括时间，长度等信息。

packet：收到的数据包数据。

捕获程序每次捕获到数据包时会自动调用回调函数，并将捕获到的数据包数据作为参数传递给它。回调函数可以根据需要处理数据包数据，例如记录到文件中或分析其内容。在本实验中，我们简单地打印出数据包编号和数据包的长度，使用名为"count"的静态变量来跟踪数据包编号。每处理一个数据包，都会将计数变量递增。

```
void callback (u_char * useless, const struct pcap_pkthdr * pkthdr, const u_char *
packet)
{
    static int count = 1;
    printf("\nPacket number [% d], length of this packet is: % d\n", count++ , pkthdr->
len);
}
```

3.1.4 实验案例

在本实验中，我们使用 libpcap 抓取 10 个 TCP 数据包，并输出这 10 个数据包的长度。

首先，我们编译 testing.c，生成文件名为 testing 的可执行文件。接着，使用 sudo 命令执行 testing 可执行文件，命令中需要指定抓包数量及过滤规则。最后，我们输入指定网络接口的序号，即可实现抓包。程序捕获指定数量的数据包，并输出捕获的数据包的长度，实验结果如图 3.1 所示。

```
Packet number [1], length of this packet is: 150

Packet number [2], length of this packet is: 158

Packet number [3], length of this packet is: 66

Packet number [4], length of this packet is: 134

Packet number [5], length of this packet is: 118

Packet number [6], length of this packet is: 66

Packet number [7], length of this packet is: 126

Packet number [8], length of this packet is: 118

Packet number [9], length of this packet is: 66

Packet number [10], length of this packet is: 118

Done with packet capturing!
```

图 3.1 实验 1 实验结果图

3.2 实验 2：使用 libpcap 定时抓包实验

3.2.1 实验目的

进一步理解数据包抓取及解析的原理，并在 Linux 环境下，利用 C 语言编写程序，实现可指定时间和包含数据包解析的抓包。

3.2.2 实验基本原理

libpcap 函数中对网卡设备数据包的捕获是通过 pcap_loop() 函数来实现的，当其捕获到一个数据包时，就会调用作为参数的回调函数，由回调函数来处理数据包，此处定义了一个数据包链表，用于存储捕获到的所有的数据包，并作为共享数据用于后续的流量分析。数据包链表节点的大致结构为一个完成的数据包结构以及指向下一个节点的指针，回调函数的处理任务仅为将捕获的数据包添加到数据包链表后。

对捕获到的网络数据包，依据 TCP/IP 协议模型进行解析，主要包括的协议有以太网协议、网络层协议（IPv6 和 IPv4）以及传输层协议。

数据包协议解析部分需要用到以下头文件：

①＜net/ethernet.h＞：包括几个以太网的数据结构，ether_addr（mac 帧结构），ether_header（以太帧的首部）；

②＜netinet/ip_icmp.h＞：提供 ICMP 首部的声明；

③＜netinet/udp.h＞：提供 UDP 首部的声明；

④＜netinet/tcp.h＞：提供 TCP 首部的声明；

⑤＜netinet/ip.h＞：提供 IP 首部的声明；

⑥＜arpa/inet.h＞：包含某些函数声明，如 inet_ntop()、inet_ntoa()等。

3.2.3 实验步骤

1）整体流程

我们通过 C 语言编写一个可实现指定时间和包含数据包解析的抓包程序。实验流程图如图 3.2 所示。简要步骤如下：

 a. 获取主机上所有可用网络设备或接口的列表；

 b. 获取指定接口的 IP 地址，子网掩码等网络参数；

 c. 打开指定的网络接口，返回用于捕捉数据包的描述字；

 d. 捕获数据包，使用回调函数处理每个数据包；

 e. 对于每个捕获的数据包，保存数据包为 pcap 文件；

 f. 解析数据包包头并根据协议类型分类处理；

 g. 打印相应的信息并更新计数器；

 h. 如果达到指定的时间长度，停止捕获并退出循环。

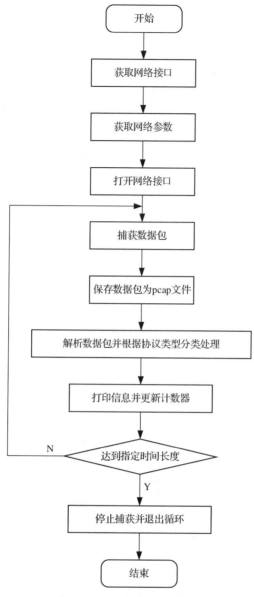

图 3.2 实验 2 抓包程序流程图

2) 定时设置

由于 pcap_loop() 函数是一个无限循环,若不设置抓包数量,除非手动中断,否则不会停止,即抓包会一直运行直到用户按下 Ctrl+C。因此,这里考虑使用 signal() 和 alarm() 实现定时功能。在抓包开始时,使用 sign. alarm() 函数开启一个定时器,在用户指定的时间后执行 pcap_breakloop() 停止抓包。

(1) 定时发送信号

alarm() 也称为闹钟函数,它可以在进程中设置一个定时器,当定时器指定的时间到时,它向进程发送 SIGALRM 信号。可以设置忽略或者不捕获此信号,如果采用默认方式其动作是终止调用该 alarm 函数的进程。

函数原型为 unsigned int alarm(unsigned int seconds),其中:

seconds：指定秒数。

```
alarm(timeLen);
```

（2）设置信号的对应动作

signal()函数设置某一信号的对应动作。

函数原型为 void(＊signal(int sinno,void(＊func)(int)))(int)，其中：

sinno：指明要处理的信号类型，它可以取除了 SIGKILL 和 SIGSTOP 外的任何一种信号。

func：指向信号处理函数的指针，描述与信号关联的动作。

当定时器到达指定的时间后，会触发一个 SIGALRM 信号，从而调用 terminate_process() 函数来终止抓包的进行。

```
signal(SIGALRM,terminate_process);
```

3）停止抓包

我们通过在 terminate_process()函数中使用 pcap_breakloop()函数来强制 pcap_loop()函数返回而非继续循环。

```
void terminate_process()
{
    pcap_breakloop(handle);
    pcap_close(handle);
    exit(0);
}
```

4）处理抓取到的数据包

在抓取到数据包后，我们还可以进一步地分析数据包。这里利用 pcap_loop()中的第三个参数回调函数来处理抓取到的数据包，本实验采用的是用户定义的回调函数 process_packet()。与实验1中的 callback()回调函数相同，它的形式同样为：void process_packet (u_char ＊ userarg, const struct pcap_pkthdr ＊ pkthdr, const u_char ＊ packet)。

在 process_packet()函数中，我们读取数据包 IP 首部中的协议字段，分为 ICMP、IGMP、TCP、UDP 和其他，共五种情况，分别执行对应操作。

```
void process_packet(u_char * args, const struct pcap_pkthdr * header, const u_char *
buffer)
{
    pcap_dump((u_char * )args, header, buffer);
    int size = header->len;
    struct iphdr * iph = (struct iphdr * )(buffer + sizeof(struct ethhdr));
    switch (iph->protocol) //Check the Protocol and do accordingly...
    {
        case 1:     //ICMP Protocol
        ......
        case 2:     //IGMP Protocol
        ......
        case 6:     //TCP Protocol
        ......
```

```
        case 17:    //UDP Protocol
        ......
        default: //Some Other Protocol like ARP etc.
        ......
    }
}
```

5）分协议解析内容

以 IP 首部中的协议字段为 TCP 为例,解析 TCP 首部的 print_tcp_packet()函数可分为以下步骤:

(1) 定位 IP 包头和 TCP 包头。将类型为 iphdr 的结构指针指向帧头后面载荷数据的起始位置,则可以得到 IP 数据包的包头部分。将类型为 tcphdr 的结构指针指向 IP 头后面载荷数据的起始位置,则可以得到 TCP 数据包的包头部分。

(2) 执行 print_ip_header()函数打印 IP 数据包包头内容,print_ip_header()中包含了 print_ethernet_header()函数打印以太网帧头部。

(3) 逐个打印 TCP 头部中的各字段至文件,TCP 头部的数据结构已定义在头文件<netinet/tcp. h>中。

```
void print_tcp_packet(const u_char * buffer, int size)
{
    unsigned short iphdrlen;
     struct iphdr * iph = (struct iphdr * )(buffer + sizeof(struct ethhdr));
    iphdrlen = iph->ihl * 4;
     struct tcphdr * tcph = (struct tcphdr * ) (buffer + iphdrlen + sizeof (struct
ethhdr));
    int header_size = sizeof(struct ethhdr) + iphdrlen + tcph->doff * 4;
    print_ip_header(buffer, size);
    fprintf(logfile, "TCP Header\n");
    fprintf(logfile, "    |-Source Port      : % u\n", ntohs(tcph->source));
    fprintf(logfile, "    |-Destination Port : % u\n", ntohs(tcph->dest));
    ......
}
```

6）保存数据包为 pcap 文件

首先,用 pcap_dump_open()函数打开用于保存捕获数据包的文件,其函数原型为 pcap_dumper_t * pcap_dump_open(pcap_t * p, char * fname),其中:

fname:表示指定打开的文件名。

```
dumper = pcap_dump_open(handle, "sniffer.pcap");
```

接着,用 pcap_dump()向调用 pcap_dump_open()函数打开的文件输出一个数据包。其函数原型为 void pcap_dump(u_char * user, struct pcap_pkthdr * h, u_char * sp),其中参数须和 pcap_loop()的回调函数的参数一致。

```
pcap_dump((u_char * )args, header, buffer);
```

最后,用 pcap_dump_close()关闭 pcap_dump_open()打开的文件。

```
pcap_dump_close(dumper);
```

3.2.4　实验案例

我们在 Linux 操作系统环境下进行实验,使用 libpcap 在指定时间长度上进行抓包,打印所抓数据包在各个计算机网络层次(数据链路层、网络层、传输层)协议中的详细信息,并将其保存至输出文件,同时将所抓包保存为 pcap 文件。

首先,我们编译 sniffer.c,生成文件名为 sniffer 的可执行文件。接着,使用 sudo 命令执行 sniffer 可执行文件。最后,我们输入指定网络接口的序号以及指定的抓包时间,即可实现抓包。在指定时间内,程序捕获数据包并对各协议数据包数量计数,同时将所抓包保存为 pcap 文件并在 log.txt 中输出数据包协议解析内容。实验结果如图 3.3 所示。

```
Opening device enp114s0 for sniffing ... Done
TCP : 407   UDP : 5   ICMP : 0   IGMP : 0   Others : 4   Total : 416

5 seconds of packets have been captured. Packet capture completed!
```

图 3.3　实验 2 实验结果图

打印出的协议信息(log.txt)如图 3.4 所示。

```
☰ log.txt
 1
 2
 3    ***********************TCP Packet***********************
 4
 5    Ethernet Header
 6        |-Destination Address : D0-94-66-09-1C-FC
 7        |-Source Address      : 7C-10-C9-BF-35-89
 8        |-Protocol            : 8
 9
10    IP Header
11        |-IP Version          : 4
12        |-IP Header Length     : 5 DWORDS or 20 Bytes
13        |-Type Of Service      : 8
14        |-IP Total Length      : 128  Bytes(Size of Packet)
15        |-Identification       : 15872
16        |-TTL      : 64
17        |-Protocol : 6
18        |-Checksum : 51984
19        |-Source IP      : 211.65.197.147
20        |-Destination IP : 211.65.197.72
21
22    TCP Header
23        |-Source Port      : 22
24        |-Destination Port : 44502
25        |-Sequence Number  : 1348674599
26        |-Acknowledge Number : 561518445
27        |-Header Length     : 8 DWORDS or 32 BYTES
28        |-Urgent Flag       : 0
29        |-Acknowledgement Flag : 1
30        |-Push Flag         : 1
```

图 3.4　协议信息的部分打印结果

将所抓数据包保存为 sniffer. pcap 文件,在 Wireshark 中查看,如图 3.5 所示。

图 3.5　所抓数据包的部分 **pcap** 文件截图

4 流量匿名化实验

基于主干网络的 IP 流数据对研究互联网有重大意义[9]，但 IP 流数据中有网络用户的 IP 地址等隐私信息，如果不加处理或处理不当就将 IP 流数据向外界公布，势必会侵犯网络用户的隐私权或商业秘密。为向网络研究者共享这些数据，出于对用户的隐私保护，必须将其中包含网络用户隐私信息的 IP 地址进行匿名化处理。数据包 IP 地址匿名化处理常用的算法是 IP 地址前缀保留匿名化算法 Crypto-PAn[10]。

本章设置了一个实验用于数据包 IP 地址匿名化，通过 IP 地址前缀保留匿名化算法 Crypto-PAn 对 pacp 文件中的所有数据包的 IP 地址进行匿名化处理。

4.1 实验目的

理解 IP 地址前缀保留匿名化算法 Crypto-PAn，并在 Linux 环境下，利用 C 语言编写程序，实现批量数据包 IP 地址匿名化。

4.2 实验基本原理

4.2.1 Crypto-PAn 算法

Crypto-PAn 算法是由乔治亚理工学院的 Ammar 等人于 2002 年提出的用于 IP 地址匿名化的算法。其核心 IP 地址前缀保留的匿名化函数的定义如下：

任给两个 IP 地址 $a = a_1 a_2 a_3 \cdots a_n$ 和 $b = b_1 b_2 b_3 \cdots b_n$，共享最长前缀是 $k(0 \leqslant k \leqslant n)$ bit，即 $a_1 a_2 a_3 \cdots a_k = b_1 b_2 b_3 \cdots b_k$ 且 $a_{k+1} \neq b_{k+1}$，若某个地址匿名化函数 F 是从 $\{0,1\}^n$ 到 $\{0,1\}^n$ 的一一映射函数，这两个地址经 F 匿名化后 $F(a) = a'$，$F(b) = b'$ 的共享最长前缀也是 k bit，即 $a'_1 a'_2 a'_3 \cdots a'_k = b'_1 b'_2 b'_3 \cdots b'_k$ 且 $a'_{k+1} \neq b'_{k+1}$，则 F 是前缀保留的 IP 地址匿名化函数。

对 IP 地址 $a = a_1 a_2 a_3 \cdots a_n$，利用 Rijndael 加密算法[11]构造的匿名化函数 $F(a) := a'_1 a'_2 a'_3 \cdots a'_n$。其中

$$a'_i = a_i \oplus f_{i-1}(a_1 a_2 a_3 \cdots a_{i-1}), \; i = 1, 2, \cdots, n \tag{1}$$

f_i 是 $\{0,1\}^i$ 到 $\{0,1\}$ 的函数，L 表示最高位比特，R 表示 Rijndael 加密算法，P 为填充函数，K 为密钥，则 f_i 可以表示为

$$f_i(a_1 a_2 a_3 \cdots a_i) := L(R(P(a_1 a_2 a_3 \cdots a_i), K)) \tag{2}$$

4.2.2 pcap 文件格式

pcap 文件是常用的数据包存储格式，其总体结构就是文件头—数据包 1—数据 1—数据

包头2—数据包2的形式,如图4.1所示。

| pcap Header | Packet Header1 | Packet Data1 | Packet Header2 | Packet Data2 | ... |

图 4.1 pcap 文件格式

其中 pcap 文件头和数据包头分别占 24 和 16 字节。数据包就是链路层的数据帧,我们要进行匿名化处理的源 IP 和目的 IP 地址都在数据包中,其格式如图 4.2 所示。

| Frame Header | IP Header | Data |

图 4.2 数据帧格式

其中数据帧头占 14 字节,IP 报头占 20 字节,剩余部分则为传输层数据。

4.3 实验步骤

4.3.1 整体步骤

本实验使用"cryptopANT"[12]C 语言库对某个 pcap 文件中的所有数据包进行了批量匿名化处理。实验流程图如图4.3所示,简要步骤如下:

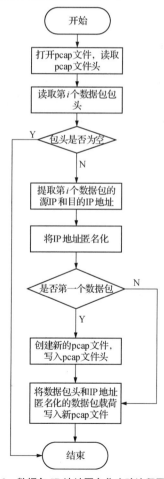

图 4.3 数据包 IP 地址匿名化实验流程图

a. 读取 pcap 文件的文件头。

b. 读取第 i 个数据包的包头，判断第 i 个数据包包头是否为空，若为空则结束程序，否则继续。

c. 提取第 i 个数据包的源 IP 和目的 IP 地址并匿名化处理。

d. 判断是否是第一个数据包，如果是则创建新 pcap 文件，将 pcap 文件头写入；不是则继续。

e. 将数据包头和 IP 地址匿名化后的数据包载荷写入新 pcap 文件。

4.3.2　cryptopANT 库初始化

scramble_init_from_file(const char * keyfile, scramble_crypt_t c4, scramble_ccrypt_t c6, int * do_mac)函数用于从密钥文件初始化库，并为 IPv4(c4)和 IPv6(c6)地址的加扰设置基础加密机制，函数成功返回 0。参数 c4 指 IPv4 地址匿名时使用的密码算法，c6 指 IPv6 地址匿名时使用的密码算法，参数 do_mac 是一个指向 int 型变量的指针，用以表示是否匿名化 MAC 地址。

```
const char filename[]="/home/cryptopANT-1.2.2/src/keyfile.txt";
scramble_init_from_file ((char * ) filename, SCRAMBLE_BLOWFISH, SCRAMBLE_BLOWFISH,
&mac);
```

4.3.3　读取 pcap 文件头

读取 pcap 文件头使用 fread()函数实现，其函数原型为 size_t fread(void * buffer, size_t size, size_t count, FILE * stream)。参数 buffer 是指针或是数组，size 是需要读取的基本单元(pcap 文件头)的字节大小，count 是读取的基本单元的数量，stream 是文件指针，指向读取的 pcap 文件。

```
struct pcap_file_header
{
bpf_u_int32 magic; /* 0xa1b2c3d4 */
u_short version_major; /* magjor Version 2 */
u_short version_minor; /* magjor Version 4 */
bpf_int32 thiszone; /* gmt to local correction */
bpf_u_int32 sigfigs; /* accuracy of timestamps */
bpf_u_int32 snaplen; /* max length saved portion of each pkt */
bpf_u_int32 linktype; /* data link type (LINKTYPE_*) */
};
FILE * pFile = fopen("/home/dataip/AIMchat1.pcap", "r");
if( pFile == 0)
{
printf( "打开 pcap 文件失败");
return 0;
}
//读取 pcap 文件头
char pcap_head[24]
fread(pcap_head,24,1,pFile);
```

4.3.4 读取 pcap 文件数据包头

读取 pcap 文件数据包头使用 fread()函数实现,其函数原型为 size_t fread(void * buffer, size_t size, size_t count, FILE * stream)。参数 buffer 是指针或是数组,size 是需要读取的基本单元(pcap 文件数据包头)的字节大小,count 是读取的基本单元的数量,stream 是文件指针,指向读取的 pcap 文件。

```
//时间戳结构体
struct time_val
{int tv_sec; /* seconds 含义同 time_t 对象的值 */
int tv_usec; /* and microseconds */};
//pcap 数据包头结构体
struct pcap_pkthdr
{struct time_val ts; /* time stamp */
bpf_u_int32 caplen; /* length of portion present */
bpf_u_int32 len; /* length this packet (off wire) */
};
//读取数据包头
struct pcap_pkthdr * ptk_header = NULL;
ptk_header = (struct pcap_pkthdr * )malloc(256);
memset(ptk_header, 0, sizeof(struct pcap_pkthdr));
memset(quintet,0,sizeof(struct Quintet));
//读 pcap 数据包头结构,16 字节
if(fread(ptk_header, 16, 1, pFile) != 1)
{
printf("% d: can not read ptk_header\n", i);
break;
}
```

4.3.5 提取 IP 地址

读取 pcap 文件数据包的 IP 地址也使用 fread()函数实现,其函数原型为 size_t fread (void * buffer, size_t size, size_t count, FILE * stream)。首先提取 IP 数据报头,然后提取出其中的 IP 地址。

```
//IP 数据报头结构体
typedef struct IPHeader_t
{
u_int8 Ver_HLen;
u_int8 TOS;
u_int16 TotalLen;
u_int16 ID;
u_int16 Flag_Segment;
u_int8 TTL;
u_int8 Protocol;
u_int16 Checksum;
u_int32 SrcIP;
u_int32 DstIP;
```

```
} IPHeader_t;
p_header = (IPHeader_t *)malloc(sizeof(IPHeader_t));
memset(ip_header, 0, sizeof(IPHeader_t));
if(fread(ip_header, sizeof(IPHeader_t), 1, pFile) != 1)
{
printf("% d: can not read ip_header\n", i);
break;
}
ip_header->SrcIP=scramble_ip4(ip_header->SrcIP,16);
inet_ntop(AF_INET,&(ip_header->SrcIP),tempSrcIp,sizeof(tempSrcIp
));
ip_header->DstIP=scramble_ip4(ip_header->DstIP,16);
inet_ntop(AF_INET,&(ip_header->DstIP),tempDstIp,sizeof(tempDstIp
));
```

4.3.6　IPv4 地址匿名化

int32_t scramble_ip4(uint32_t input，int pass_bits)函数用于将输入的 IPv4 地址匿名化，成功则返回匿名化后的 IPv4 地址。参数 pass_bits 表示需要保留的 IPv4 地址位数。

```
ip_header->SrcIP=scramble_ip4(ip_header->SrcIP,16);
inet_ntop(AF_INET,&(ip_header->SrcIP),tempSrcIp,sizeof(tempSrcIp));
ip_header->DstIP=scramble_ip4(ip_header->DstIP,16);
inet_ntop(AF_INET,&(ip_header->DstIP),tempDstIp,sizeof(tempDstIp));
```

4.3.7　IP 地址匿名化后数据包写入新 pcap 文件

数据包写入 pcap 文件使用 fwrite()函数实现,其函数原型为 size_t fwrite(const void * buffer，size_t size，size_t count，FILE * stream)。参数 buffer 指数据存储的地址,size 指要写入的基本单元的字节大小,count 指写入的基本单元的个数,stream 指等待被写入的文件指针。

```
FILE * output = fopen("/home/dataip/output.pcap","a+");
if( output ==  0)
{
printf( "打开 pcap 文件失败");
return 0;
}
fseek(pFile,pkt_offset, SEEK_SET);
char cs[30];//数据包长度+数据帧头 14 字为 ethnet 协议大小
fread(cs,30,1,pFile);
fwrite(cs,30,1,output);
fwrite(ip_header, sizeof(IPHeader_t), 1, output);
fseek(pFile,(pkt_offset+50), SEEK_SET);
char cs1[ptk_header->caplen-34];
fread(cs1,(ptk_header->caplen-34),1,pFile);
fwrite(cs1,(ptk_header->caplen-34),1,output);
fclose(output);
}
```

4.3.8　IPv4 地址去匿名化

int32_t unscramble_ip4(uint32_t input，int pass_bits)函数用于将输入的匿名后的 IPv4 地址恢复成其匿名化前的原始 IPv4 地址，返回值为去匿名化后的 IPv4 地址。参数 pass_bits 表示需要保留的 IPv4 地址位数，与匿名化函数中一致。注意，即使（pass_bits）为 0，也会传递前几位以保留输入 IP 的类别。

```
int32_t unscramble_ip4 (ip_header->SrcIP,16);
int32_t unscramble_ip4 (ip_header->DstIP,16);
```

4.4　实验案例

4.4.1　单个 pcap 文件匿名化处理

本次实验使用的数据是 VPN-nonVPN 数据集中的一个 pcap 文件，实验内容是将文件中所有数据包的源 IP 地址和目的 IP 地址匿名化处理。由于 pcap 文件中包含的数据包数很多，在此只截取部分结果展示。

首先，将未匿名化处理前的 pcap 文件的所有数据包的五元组信息全部提取并写入 TXT 文件，提取结果如图 4.4 所示。

	sip	dip	sport	dport	protocol
1					
2	131.202.240.87	64.12.104.73	1258	443	6
3	131.202.240.87	64.12.104.85	1254	443	6
4	64.12.104.73	131.202.240.87	443	1258	6
5	64.12.104.85	131.202.240.87	443	1254	6
6	131.202.240.87	64.12.104.73	13389	443	6
7	131.202.240.87	64.12.24.167	13385	443	6
8	64.12.104.73	131.202.240.87	443	13389	6
9	64.12.24.167	131.202.240.87	443	13385	6
10	131.202.240.87	178.237.19.228	13407	443	6
11	131.202.240.87	178.237.19.103	13404	443	6
12	178.237.19.228	131.202.240.87	443	13407	6
13	178.237.19.103	131.202.240.87	443	13404	6
14	131.202.240.87	131.202.243.255	137	137	17
15	131.202.240.87	224.0.0.252	56503	5355	17
16	131.202.240.87	224.0.0.252	62706	5355	17
17	131.202.240.87	224.0.0.252	62706	5355	17
18	131.202.240.87	224.0.0.252	56503	5355	17
19	131.202.240.87	64.12.24.167	13385	443	6
20	64.12.24.167	131.202.240.87	443	13385	6
21	64.12.24.167	131.202.240.87	443	13385	6
22	131.202.240.87	64.12.24.167	13385	443	6
23	64.12.104.85	131.202.240.87	443	1254	6
24	64.12.24.167	131.202.240.87	443	13385	6

图 4.4　pcap 文件数据包五元组提取结果

然后，遍历 pcap 文件中所有数据包，并将所有数据包的源 IP 地址和目的 IP 地址匿名化，将匿名化后的数据包写入新的 pcap 文件，结果如图 4.5 所示。

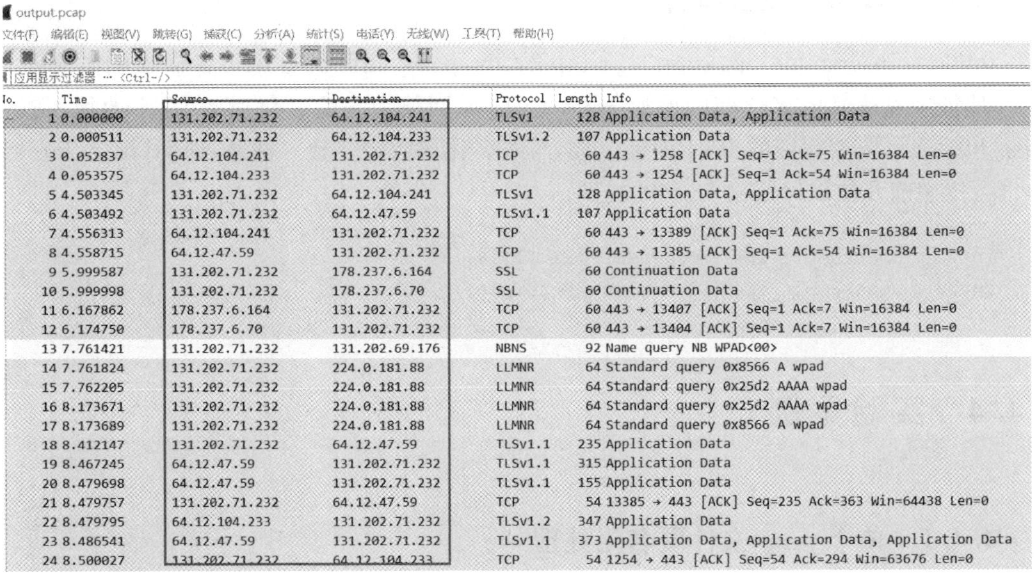

output.pcap

文件(F) 编辑(E) 视图(V) 跳转(G) 捕获(C) 分析(A) 统计(S) 电话(Y) 无线(W) 工具(T) 帮助(H)

应用显示过滤器 … <Ctrl-/>

No.	Time	Source	Destination	Protocol	Length	Info
1	0.000000	131.202.71.232	64.12.104.241	TLSv1	128	Application Data, Application Data
2	0.000511	131.202.71.232	64.12.104.233	TLSv1.2	107	Application Data
3	0.052837	64.12.104.241	131.202.71.232	TCP	60	443 → 1258 [ACK] Seq=1 Ack=75 Win=16384 Len=0
4	0.053575	64.12.104.233	131.202.71.232	TCP	60	443 → 1254 [ACK] Seq=1 Ack=54 Win=16384 Len=0
5	4.503345	131.202.71.232	64.12.104.241	TLSv1	128	Application Data, Application Data
6	4.503492	131.202.71.232	64.12.47.59	TLSv1.1	107	Application Data
7	4.556313	64.12.104.241	131.202.71.232	TCP	60	443 → 13389 [ACK] Seq=1 Ack=75 Win=16384 Len=0
8	4.558715	64.12.47.59	131.202.71.232	TCP	60	443 → 13385 [ACK] Seq=1 Ack=54 Win=16384 Len=0
9	5.999587	131.202.71.232	178.237.6.164	SSL	60	Continuation Data
10	5.999998	131.202.71.232	178.237.6.70	SSL	60	Continuation Data
11	6.167862	178.237.6.164	131.202.71.232	TCP	60	443 → 13407 [ACK] Seq=1 Ack=7 Win=16384 Len=0
12	6.174750	178.237.6.70	131.202.71.232	TCP	60	443 → 13404 [ACK] Seq=1 Ack=7 Win=16384 Len=0
13	7.761421	131.202.71.232	131.202.69.176	NBNS	92	Name query NB WPAD<00>
14	7.761824	131.202.71.232	224.0.181.88	LLMNR	64	Standard query 0x8566 A wpad
15	7.762205	131.202.71.232	224.0.181.88	LLMNR	64	Standard query 0x25d2 AAAA wpad
16	8.173671	131.202.71.232	224.0.181.88	LLMNR	64	Standard query 0x25d2 AAAA wpad
17	8.173689	131.202.71.232	224.0.181.88	LLMNR	64	Standard query 0x8566 A wpad
18	8.412147	131.202.71.232	64.12.47.59	TLSv1.1	235	Application Data
19	8.467245	64.12.47.59	131.202.71.232	TLSv1.1	315	Application Data
20	8.479698	64.12.47.59	131.202.71.232	TLSv1.1	155	Application Data
21	8.479757	131.202.71.232	64.12.47.59	TCP	54	13385 → 443 [ACK] Seq=235 Ack=363 Win=64438 Len=0
22	8.479795	64.12.104.233	131.202.71.232	TLSv1.2	347	Application Data
23	8.486541	64.12.47.59	131.202.71.232	TLSv1.1	373	Application Data, Application Data, Application Data
24	8.500027	131.202.71.232	64.12.104.233	TCP	54	1254 → 443 [ACK] Seq=54 Ack=294 Win=63676 Len=0

图 4.5　IP 地址匿名化后的新 pcap 文件

最后，为了更加直观地观察 IP 地址匿名化的结果，提取匿名化处理后的 pcap 文件中所有数据包的五元组信息，写入 TXT 文件并与匿名化前的五元组 TXT 文件作比较，结果如图 4.6 所示。

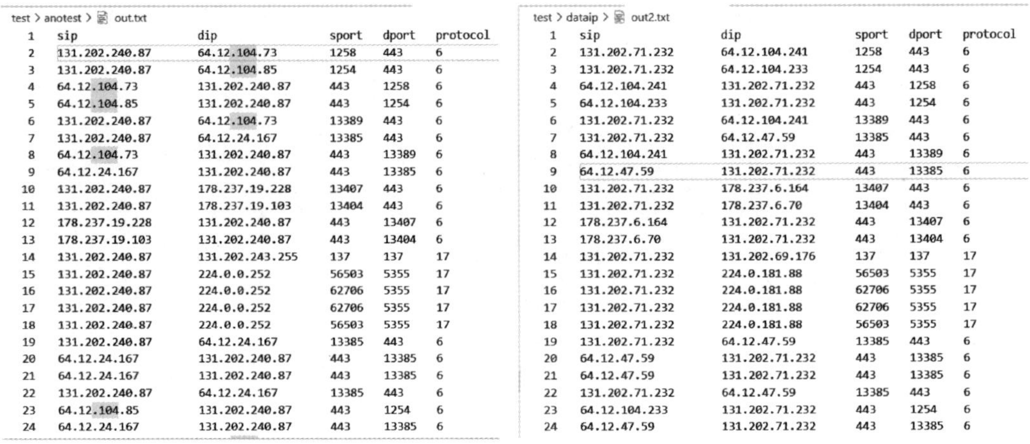

test > anotest > out.txt

1	sip	dip	sport	dport	protocol
2	131.202.240.87	64.12.104.73	1258	443	6
3	131.202.240.87	64.12.104.85	1254	443	6
4	64.12.104.73	131.202.240.87	443	1258	6
5	64.12.104.85	131.202.240.87	443	1254	6
6	131.202.240.87	64.12.104.73	13389	443	6
7	131.202.240.87	64.12.24.167	13385	443	6
8	64.12.104.73	131.202.240.87	443	13389	6
9	64.12.24.167	131.202.240.87	443	13385	6
10	131.202.240.87	178.237.19.228	13407	443	6
11	131.202.240.87	178.237.19.103	13404	443	6
12	178.237.19.228	131.202.240.87	443	13407	6
13	178.237.19.103	131.202.240.87	443	13404	6
14	131.202.240.87	131.202.243.255	137	137	17
15	131.202.240.87	224.0.0.252	56503	5355	17
16	131.202.240.87	224.0.0.252	62706	5355	17
17	131.202.240.87	224.0.0.252	62706	5355	17
18	131.202.240.87	224.0.0.252	56503	5355	17
19	131.202.240.87	64.12.24.167	13385	443	6
20	64.12.24.167	131.202.240.87	443	13385	6
21	64.12.24.167	131.202.240.87	443	13385	6
22	131.202.240.87	64.12.24.167	13385	443	6
23	64.12.104.85	131.202.240.87	443	1254	6
24	64.12.24.167	131.202.240.87	443	13385	6

test > dataip > out2.txt

1	sip	dip	sport	dport	protocol
2	131.202.71.232	64.12.104.241	1258	443	6
3	131.202.71.232	64.12.104.233	1254	443	6
4	64.12.104.241	131.202.71.232	443	1258	6
5	64.12.104.233	131.202.71.232	443	1254	6
6	131.202.71.232	64.12.104.241	13389	443	6
7	131.202.71.232	64.12.47.59	13385	443	6
8	64.12.104.241	131.202.71.232	443	13389	6
9	64.12.47.59	131.202.71.232	443	13385	6
10	131.202.71.232	178.237.6.164	13407	443	6
11	131.202.71.232	178.237.6.70	13404	443	6
12	178.237.6.164	131.202.71.232	443	13407	6
13	178.237.6.70	131.202.71.232	443	13404	6
14	131.202.71.232	131.202.69.176	137	137	17
15	131.202.71.232	224.0.181.88	56503	5355	17
16	131.202.71.232	224.0.181.88	62706	5355	17
17	131.202.71.232	224.0.181.88	62706	5355	17
18	131.202.71.232	224.0.181.88	56503	5355	17
19	131.202.71.232	64.12.47.59	13385	443	6
20	64.12.47.59	131.202.71.232	443	13385	6
21	64.12.47.59	131.202.71.232	443	13385	6
22	131.202.71.232	64.12.47.59	13385	443	6
23	64.12.104.233	131.202.71.232	443	1254	6
24	64.12.47.59	131.202.71.232	443	13385	6

图 4.6　匿名化前后的五元组 TXT 文件(左边为匿名化前)

4.4.2　批量匿名化 pcap 文件

与单个 pcap 文件匿名化处理相同，只需要在 main 函数中遍历文件夹下所有的 pcap 文件即可。

5 | 组流实验

网络流指的是两个网络实体之间交换的有序网络数据,它通常使用五元组数据进行标识。网络流是感知网络的最佳方式,以流为单位分析网络流量数据的方法,是分组交换网络发展的必然需求。pcap 文件格式已经成为捕获和存储网络流量数据的标准,但由于一个 pcap 文件往往存储某一时间段的所有网络流量,因此它不适合直接用来进行网络流量分析。本章实验将介绍如何在 pcap 文件中提取流数据。

本章共设置了两个实验用于组流。实验 1 中,我们以 IPv4 数据包组成的 pcap 文件为例,根据五元组信息,进行组流实验;实验 2 中,我们以 IPv6 数据包组成的 pcap 文件为例,根据五元组信息,进行组流实验。

5.1 实验 1:基于 IPv4 的组流实验

5.1.1 实验目的

通过分析 pcap 文件格式,理解 pcap 文件中数据包的存储格式,理解 IPv4 数据包的格式,并在 Linux 环境下,利用 C 语言编写程序,实现对 IPv4 数据包的组流。

5.1.2 实验基本原理

流(flow)是具有相同五元组(源 IP 地址、源端口号、目的 IP 地址、目的端口号、协议)的数据包[13]。组流目的是对 pcap 文件进行切分,将不同的流保存为不同的 pcap 文件。

pcap 文件[14]是一种通用的数据流格式,是用来保存捕获网络数据的基本格式。进行组流实验的关键是理解 pcap 文件的格式。pcap 文件格式如图 5.1 所示,主要由三个部分构成:pcap Header、Packet Header 和 Packet Data。

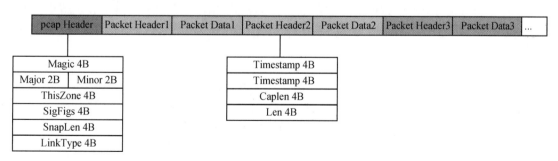

图 5.1 pcap 文件格式

一个 pcap 文件只有一个 pcap Header。pcap Header 由 7 个字段组成。它定义了 pcap

文件的读取规则、最大存储长度限制等内容,其包含字段的具体含义如下:

- Magic(4B):标记文件开始,并用来识别文件和字节顺序。值可以为 0xa1b2c3d4 或者 0xd4c3b2a1,如果是 0xa1b2c3d4 表示是大端模式,按照原来的顺序一个字节一个字节的读,如果是 0xd4c3b2a1 表示小端模式,下面的字节都要交换顺序。现在的计算机大部分是小端模式;
- Major(2B):当前文件的主要版本号,一般为 0x0200;
- Minor(2B):当前文件的次要版本号,一般为 0x0400;
- ThisZone(4B):当地的标准时间,如果用的是 GMT 则全零,一般全零;
- SigFigs(4B):时间戳的精度,一般为全零;
- SnapLen(4B):最大的存储长度,设置所抓获的数据包的最大长度,如果所有数据包都要抓获,将值设置为 65 535;
- LinkType(4B):链路类型。解析数据包首先要判断它的 LinkType,所以这个值很重要。一般的值为 1,即以太网。

pcap 文件可以存储多个数据包,所以会有多个 Packet Header,每个 Packet Header 后面是真正的数据包。以下是 Packet Header 中 4 个字段含义:

- Timestamp(4B):时间戳高位,精确到秒,这是 Unix 时间戳。捕获数据包的时间一般是根据这个值;
- Timestamp(4B):时间戳低位,能够精确到微秒;
- Caplen(4B):当前数据区的长度,即抓取到的数据帧长度,由此可以得到下一个数据帧的位置;
- Len(4B):离线数据长度,网络中实际数据帧的长度,一般不大于 Caplen,多数情况下和 Caplen 值一样。

Packet Data 是实际抓取的数据包的数据,是数据链路层的数据帧。数据帧的长度是 Packet Header 中定义的 Caplen 值,所以每个 Packet Header 后面的 Packet Data 长度都取决于其 Caplen 字段的值。

进行组流实验的另一关键步骤是提取数据包的五元组信息。其中,数据包源 IP 地址、目的 IP 地址和协议的值存储在 IP Header 中,数据包源端口号、目的端口号的值存储在 TCP/UDP Header 中。数据链路层的数据帧的格式如图 5.2 所示。由于五元组中没有涉及数据帧的首部字段,所以这里只介绍 IPv4 Header[15]、TCP Header[16] 和 UDP Header[17] 的格式。

Frame Header	IP Header	TCP/UDP Header	Data	FCS

图 5.2　数据帧格式

IPv4 Header 包含用于 IPv4 协议进行发包控制时所有的必要信息,主要由 13 个字段组成,IPv4 Header 格式如图 5.3 所示,每个字段的具体含义如下:

Version 4b	IHL 4b	Type of Service 8b	Total Length 16b	
Identification 16b			Flags 3b	Fragment Offset 13b
Time To Live 8b		Protocol 8b	Header Checksum 16b	
Source IP Address 32b				
Destination IP Address 32b				
Options				

图 5.3　IPv4 Header 格式

- Version(4 bit)：IP 协议的版本，IPv4 的版本号是 4；
- IHL(4 bit)：首部长度；
- Type of Service(8 bit)：服务类型；
- Total Length(16 bit)：总长度，定义了整个 IP 数据包大小（以 Byte 为单位），包括报头和数据，最小长度为 20 Byte，最大为 65 535Byte；
- Identification(16 bit)：唯一地标识主机发送的每一个数据报，其初始值是随机的，每发送一个数据报其值就加 1。同一个数据报的所有分片都具有相同的标识值；
- Flags(3 bit)：标志，用于控制或识别片段；
- Fragment Offset(13 bit)：片偏移，分片相对原始 IP 数据报数据部分的偏移。实际的偏移值为该值左移 3 位后得到的，所以除了最后一个 IP 数据报分片外，每个 IP 分片的数据部分的长度都必须是 8 的整数倍；
- Time To Live (TTL) (8 bit)：生存时间，数据报到达目的地之前允许经过的路由器跳数；
- Protocol (8 bit)：区分 IP 协议上的上层协议；
- Header Checksum(16 bit)：首部校验和，由发送端填充、接收端对其使用 CRC 算法校验，检查 IP 数据报头部在传输过程中是否损坏；
- Source IP Address(32 bit)：发送方的 IPv4 地址；
- DestinationIP Address(32 bit)：接收方的 IPv4 地址；
- Options：选项字段不常使用。

TCP Header 主要由 11 个字段组成，TCP Header 格式如图 5.4 所示，每个字段的具体含义如下：

Source Port 16b			Destination Port 16b	
Sequence Number 32b				
Acknowledgement Number 32b				
Data Offset 4b	Reserved 4b	Control Flag 8b	Window Size 16b	
Checksum 16b			Urgent Pointer 16b	
Options				Padding

图 5.4　TCP Header 格式

- SourcePort(16 bit)：发送方使用的端口号；
- DestinationPort(16 bit)：接收方使用的端口号；
- Sequence Number(32 bit)：序列号，发送数据的位置。每发送一次数据，就累加一次该数据字节数的大小；

- Acknowledgement Number(32 bit)：确认应答号，是指下一次应该收到的数据的序列号；
- Data Offset(4 bit)：该字段表示 TCP 所传输的数据部分应该从 TCP 包的哪个位开始计算；
- Reserved(4 bit)：保留字段，该字段主要是为了以后扩展时使用；
- Control Flag(8 bit)：控制标志也叫做控制位，每一位从左至右分别为 CWR、ECE、URG、ACK、PSH、RST、SYN、FIN；
- Window Size(8 bit)：用于通知从相同 TCP 首部的确认应答号所指位置开始能够接收的数据大小；
- Checksum(16 bit)：对 TCP 的伪首部、首部和数据部分进行错误校验。
- Urgent Pointer(16 bit)：该字段的数值表示本报文段中紧急数据的指针。正确来讲，从数据部分的首位到紧急指针所指示的位置为止为紧急数据；
- Options：选项字段用于提高 TCP 的传输性能。

UDP Header 主要由 4 个字段组成，UDP Header 格式如图 5.5 所示，每个字段的具体含义如下：

Source Port 16b	Destination Port 16b
Length 16b	Checksum 16b

图 5.5　UDP Header 格式

- Source Port(16 bit)：发送方使用的端口号；
- Destination Port(16 bit)：接收方使用的端口号；
- Length(16 bit)：UDP 首部的长度与数据的长度之和，单位为 Byte；
- Checksum(16 bit)：对 UDP 的伪首部、首部和数据部分进行错误校验。

5.1.3　实验步骤

1）整体流程

本章实验用 C 语言编写了一个基于 IPv4 的组流程序，程序的流程如图 5.6 所示，简要步骤如下：

a. 读取 pcap 文件的 pcap Header；

b. 提取第 i 个数据包的五元组信息；

c. 判断该五元组信息是否已存在，若已存在，则执行步骤 f，否则继续；

d. 创建新的 pcap 文件，写入 pcap Header；

e. 将第 i 个数据包的数据写入新创建的 pcap 文件中，继续执行步骤 g；

f. 根据五元组信息找到其对应的 pcap 文件，将第 i 个数据包的数据写入该 pcap 文件；

g. 判断进行组流的 pcap 文件是否已经切分完成，若完成，则结束程序，否则，继续执行步骤 b。

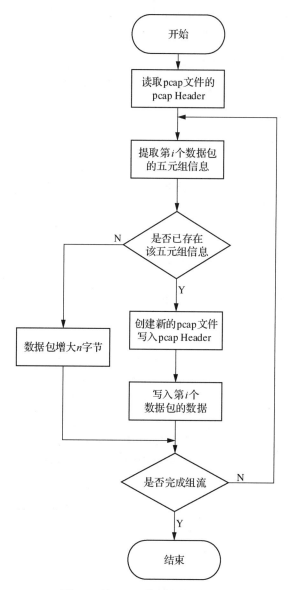

图 5.6 基于 IPv4 的组流实验流程图

2）读取 pcap 文件的 pcap Header

读取 pcap Header 是利用 fread()函数实现的，通过定义一个 pcap_header 结构体变量来存储 pcap Header 的内容，以便之后创建新的 pcap 文件时可以直接使用。

```
typedef struct pcap_header{
    bpf_u_int32 magic;
    u_short version_major;
    u_short version_minor;
    bpf_int32 thiszone;
    bpf_u_int32 sigfigs;
    bpf_u_int32 snaplen;
    bpf_u_int32 linktype;
}pcap_header;
```

```
pcap_header = (pcap_header * )malloc(sizeof(pcap_header));
fread(pcap_header, 24, 1, pFile);
```

3）提取第 i 个数据包的五元组信息

提取五元组信息，首先需要定义 IP_header、TCPUDP_header 结构体来表示 IPv4 Header、TCP Header 或 UDP Header。

```
typedef struct IP_header
{
    u_int8 Ver_HLen;            //版本+ 报头长度
    u_int8 TOS;                 //服务类型
    u_int16 TotalLen;           //总长度
    u_int16 ID;                 //标识
    u_int16 Flag_Segment;       //标志+ 片偏移
    u_int8 TTL;                 //生存时间
    u_int8 Protocol;            //协议类型
    u_int16 Checksum;           //头部校验和
    u_int32 SrcIP;              //源 IP 地址
    u_int32 DstIP;              //目的 IP 地址
}IP_header;
typedef struct TCPUDP_header
{
    u_short SrcPort;            //源端口号 16bit
    u_short DstPort;            //目的端口号 16bit
}TCPUDP_header;
```

然后利用 fread() 函数读取第 i 个数据包的 IPv4 Header、TCP Header 或 UDP Header，然后通过定义 ip_header 和 tcpudp_header 结构体变量来存储 IPv4 Header、TCP Header 或 UDP Header 的内容。之后从 ip_header 变量中提取源 IP 地址、目的 IP 地址和协议数据，在 tcpudp_header 中提取源端口号与目的端口号数据，并将五元组信息存储到 Quintet 结构体变量中。

```
typedef struct Quintet
{
    u_int32 SrcIP;             //源 IP 地址
    u_int32 DstIP;             //目的 IP 地址
    u_short SrcPort;           //源端口号 16bit
    u_short DstPort;           //目的端口号 16bit
    u_int8 Protocol;           //协议类型
}Quintet;
ip_header = (IP_header * )malloc(sizeof(IP_header));
tcpudp_header = (TCPUDP_header * )malloc(sizeof(TCPUDP_header));
quintet = (Quintet * )malloc(sizeof(Quintet));
fread(ip_header, sizeof(IP_header), 1, pFile);
fread(tcpudp_header, sizeof(TCPUDP_header), 1, pFile) ;
quintet->SrcPort = tcpudp_header->SrcPort;
quintet->DstPort = tcpudp_header->DstPort;
quintet->SrcIP = ip_header->SrcIP;
quintet->DstIP = ip_header->DstIP;
quintet->Protocol = ip_header->Protocol;
```

4）判断是否已存在五元组信息

判断是否已存在五元组信息是通过 is_a_flow()函数实现的,函数的参数是两个 Quintet 类型的结构体,用来表示进行比较的两个五元组信息。通过五元组数组 arr 来存储每个不相同的五元组信息,通过将第 i 个五元组的数据与 arr 中的每个数据对比来判断是否已存在该五元组信息。

```
int is_a_flow(struct five_tuple a,struct five_tuple b)
{
    if(a.proto==b.proto)
        if(a.srcip==b.srcip && a.dstip==b.dstip && a.srcport==b.srcport && a.dstport
==b.dstport)
            return 1;
    return 0;
}
```

5）创建新的 pcap 文件

创建新的 pcap 文件,首先需要利用 fwrite()函数将 pcap Header 内容写入新文件中,然后将第 i 个数据包的所有数据写入该 pcap 文件中。其中,第 i 个数据包的长度 len 可以通过读取 Packet Header 的 caplen 字段获得。

```
fwrite(pcap_header,24,1,output);
fread(packet_data,(16+ len),1,pFile);
```

5.1.4　实验案例

在本案例中,我们使用一台运行 Windows 操作系统的主机,利用 Wireshark 抓取了一段时间内的流量数据,并将其保存为 test.pcap。接下来,我们按照实验步骤编写 extract_flow.c。

首先,将 extract_flow.c 编译成可执行文件 extract_flow。然后,运行可执行文件 extract_flow,输入 test.pcap。最后,程序将每一条流保存到一个新的 pcap 文件中,并以"源 IP_目的 IP_源端口号_目的端口号_协议号"的形式命名。

程序的输出结果如图 5.7 所示。

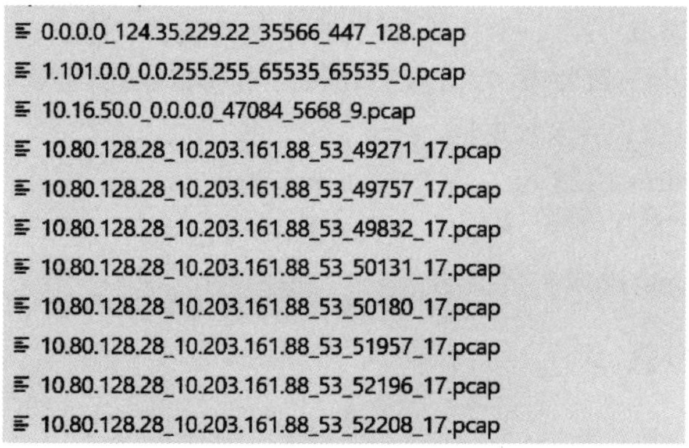

图 5.7　基于 IPv4 的组流程序运行结果图

5.2　实验 2：基于 IPv6 的组流实验

5.2.1　实验目的

通过分析 pcap 文件格式，理解 pcap 文件中数据包的存储格式，理解 IPv6[18]数据包的格式，并在 Linux 环境下，利用 C 语言编写程序，实现对 IPv6 数据包的组流。

5.2.2　实验基本原理

IPv6 协议中为了减轻路由器的负担，省略了首部校验和字段，因此路由器不再需要计算校验和，从而也提高了包的转发效率。此外，分片处理所用的识别码成为可选项。IPv6 Header 的格式如图 5.8 所示，每个字段的具体含义如下：

Version 4b	Traffic Class 8b	Flow Label 20b	
Payload Length 16b		Next Header 8b	Hop Limit 8b
Source IP Address 128b			
Destination IP Address 128b			
IPv6 Extensions			

图 5.8　IPv6 Header 格式

- Version(4 bit)：IP 协议的版本，IPv6 的版本号是 6；
- Traffic Class(8 bit)：通信量类，相当于 IPv4 的 Type of Service；
- Flow Label(20 bit)：流标号，用于服务质量；
- Payload Length(16 bit)：数据包有效载荷的长度；
- Next Header(8 bit)：下一个首部，相当于 IPv4 中的协议字段；
- Hop Limit(8 bit)：跳数限制，相当于 IPv4 中的协议字段，数据报每经过一次路由器就减 1，减到 0 就丢弃该数据报；
- Source IP Address(128 bit)：发送方的 IPv6 地址；
- DestinationIP Address(128 bit)：接收方的 IPv6 地址；
- IPv6 Extensions：IPv6 扩展首部。

5.2.3　实验步骤

1）整体流程

本章实验用 C 语言编写了一个基于 IPv6 的组流程序，程序的流程如图 5.9 所示，实验 2

的整体流程与实验 1 相同,仅在读取第 i 个数据包的 IPv6 Header 和判断是否已经存在五元组信息时的具体操作有所不同。

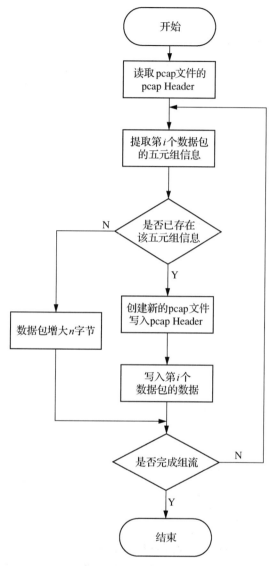

图 5.9　基于 IPv6 的组流实验流程图

2）读取第 i 个数据包的 IPv6 Header

本实验中,重新定义了一个 IP_Header 结构体来表示 IPv6 Header,通过使用一维数组来存储 IPv6 地址数据。

```
typedef struct IPv6_Addr{
    u_int8 addr[16];
} IPv6_Addr;
typedef struct IP_Header{
    u_int32      VTL;
    u_int16      payload_len;
    u_int8       Protocol;
```

```
    u_int8      hop_limit;
    IPv6_Addr SrcIP;
    IPv6_Addr DstIP;
} IP_header;
```

3）判断是否已存在五元组信息

判断是否已存在五元组信息是通过 is_ipv6_flow()函数实现的。与实验 1 不同的是,由于 IPv6 地址存放在数组中,所以不能直接用等号判断两个 IPv6 地址是否相同,而是需要对数组中的每个元素进行比较。

```
int is_ipv6_flow(struct five_tuple a,struct five_tuple b){
    if(a.proto==b.proto){
        int flag = 0;
        for(int i=0;i<16;i++)
        {
            if(a.srcip.addr[i]!=b.srcip.addr[i] || a.dstip.addr[i]!=b.dstip.addr[i])
            {
                flag = 1;
                break;
            }
        }
        if(flag!=1 && a.srcport==b.srcport && a.dstport==b.dstport)
        {
            return 1;
        }
    }
    return 0;
}
```

5.2.4　实验案例

在本案例中,我们使用一台运行 Windows 操作系统的主机,利用 Wireshark 抓取了一段时间内的流量数据,筛选使用 IPv6 数据包,并将其保存为 ipv6. pcap。接下来,我们按照实验步骤编写 extract_ipv6_flow. c。

首先,将 extract_ipv6_flow. c 编译成可执行文件 extract_ipv6_flow。然后,运行可执行文件 extract_ipv6_flow,输入 ipv6. pcap。最后,程序将每一条流保存到一个新的 pcap 文件中,并以"源 IP_目的 IP_源端口号_目的端口号_协议号"的形式命名。

程序的输出结果如图 5.10 所示。

```
 2402:4e00:1020:1701:0:9347:47ec:37c7_2001:da8:1001:196:741e:8cca:92cf:f8c0_443_51254_6.pcap
 fe80::295f:63cd:212a:38d4_ff02::c_54546_3702_17.pcap
 fe80::828f:1dff:fe63:c18_ff02::1:2_546_547_17.pcap
 fe80::9060:bbff:fed0:f2e9_ff02::fb_5353_5353_17.pcap
```

图 5.10　基于 IPv6 的组流程序运行结果图

6 流量抽样实验

随着高速网络技术的发展，实时在线流量测量变得困难。因此，基于抽样的流量测量方法成为一种可扩展的技术，被广泛采用作为有效的流量测量技术。网络测量方法通常采用主动测量和被动测量两种方法。抽样测量技术是一种被动测量方法，针对高速网络测量而提出。了解抽样测量的理论原理很重要，但更重要的是通过实验来深入研究其基本原理。

本章共设置了四个实验，难度由浅入深。其中，实验 1 是基于周期抽样的流量抽样，注重于对流量抽样的认识，是一个简易的流量抽样程序。实验 2 是基于随机抽样的流量抽样，根据网络流量具有高速率特性，通过预先定义的随机过程来确定抽样起点和抽样间隔，实现了样本之间的相互独立性，避免了周期抽样导致的同步影响。实验 3 是基于掩码匹配的流量抽样，本质上是基于报文内容的流量抽样，使用预定的比特掩码与待抽样的 IP 报头中的若干比特位进行匹配，如果匹配成功就抽取此 IP 报文。这种基于掩码匹配的抽样测量适用于多种网络环境，具有较高的效率和准确性。实验 4 是基于多掩码匹配的流量抽样，解决了实验 3 中只能使用 16 种抽样比率的局限性，通过将不同的抽样掩码组合以实现任意抽样比率。

6.1 实验 1：基于周期抽样的流量抽样

6.1.1 实验目的

在 Linux 环境下，使用 libpcap 工具对检测到的报文实现等间距的抽样。

具体要求：使用 libpcap 对 99 个网络数据包进行间距为 3 的周期抽样，即每隔 3 个数据包选取一个数据包进行保存，保存为 pcap 文件。本实验需要熟悉 libpcap 的相关函数和使用方法，并能够编写程序来实现网络数据包的抽样和保存。通过完成这个实验，能够掌握网络数据包抽样的基本原理和实现方法，以及了解在 Linux 环境下使用 libpcap 工具进行网络数据包抽样的具体步骤和技巧。

6.1.2 实验基本原理

周期抽样采用相同的间隔对网络数据包进行采集，如每隔 N 秒钟产生 1 次抽样或每次从 N 个分组中抽样第一个分组，本章实验使用的是后者[19]。该方法简单易行，缺点是测量具有周期性和可预测性，使被测网络陷入同步状态。具体来说，如果采集的数据包本身具有周期性的行为，那么抽样过程将仅仅得到周期性行为的一部分，这样会使得抽样在较大程度上不能真实反映出被测对象的全部特性。这里我们使用计数取余的方法实现周期抽样，首先定义抽样间隔 n，然后为每个到来的报文标记序号 i，对该序号取余，即 $i \% n$，余数为 0 则抽取该报文。

　　本章的流量抽样测量系统体系结构均由报文采集、报文抽样和信息保存三层组成,每层实现相对独立的功能。

　　报文采集层:其主要功能是获取经过网络的数据包。为了监听网络上所有流经数据链路层的报文,网卡应被设置为混杂模式,通过 libpcap 提供了核心函数 pcap_loop()来实现持续抓包,具体参数设置可以参考实验 3 中报文抓取的实验原理。

　　报文抽样层:其主要功能是利用概率与数理统计原理,采用一定的抽样方法,对采集的报文进行抽样处理。通过在 pcap_loop()回调函数中设置我们要进行抽样的规则或算法即可实现报文的抽样。

　　信息保存层:其主要功能是将抽样后的报文信息写入存储器,我们这里借助 libpcap 的pcap_dump()系列函数来实现报文信息的保存。

6.1.3　实验步骤

1)整体流程

　　我们用 C 语言编写一个基于周期抽样的流量抽样程序。程序流程如图 6.1 所示,简要步骤如下:

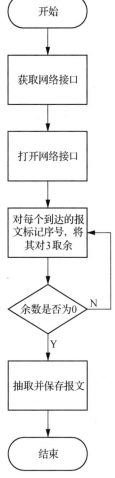

图 6.1　基于周期抽样的流量抽样算法实验流程图

a. 获取网络接口；

b. 打开网络接口；

c. 对每个到达的报文标记序号，并将其对 3 其取余，得到余数；

d. 判断余数是否为 0，若为 0，则继续，否则执行步骤 c；

e. 抽取并保存该报文。

2）打开用于保存捕获数据包的文件

保存捕获数据包是通过函数 pcap_dump_open()得到的，该函数会返回存储文件的地址。它的函数原型为：

pcap_dumper_t ＊ pcap_dump_open(pcap_t ＊ p, char ＊ fname)

—— p 参数为调用 pcap_open_offline()或 pcap_open_live()函数后返回的 pcap 结构指针；

—fname 参数指定打开的文件名；

3）捕获数据包

libpcap 提供了核心函数 pcap_loop()来实现持续抓包，通过在回调函数中添加抽样的规则和算法即可完成抽样，它的函数原型为：

int pcap_loop(pcap_t ＊ p, int cnt, pcap_handler callback, u_char ＊ user)

—— p：第 2 步返回的 pcap_t 类型的指针；

—cnt：需要抓的数据包的个数，一旦抓到了 cnt 个数据包，pcap_loop 立即返回。负数的 cnt 表示 pcap_loop 永远循环抓包，直到出现错误。

—— callback：一个回调函数指针，它必须是如下的形式：

void callback(u_char ＊ user, const struct pcap_pkthdr ＊ pkthdr, const u_char ＊ packet)

在回调函数中，对每个到达的报文标记序号，并对其取余，余数为 0 则抽取该报文。

—— user：传递了用户自定义的一些数据，是 pcap_loop 的最后一个参数，进而传递给回调函数；

—— pkthdr：收到的数据包的 pcap_pkthdr 类型的指针，表示捕获到的数据包基本信息，包括时间，长度等信息；

—data：收到的数据包数据。

6.1.4　实验案例

在本实验中，我们利用服务器流量来实现基于周期抽样的流量抽样，为了简单起见，仅对到达的 99 个报文进行间隔为 3 的周期抽样，抽样结果如图 6.2 所示。

```
TCP : 19    UDP : 2    ICMP : 0    IGMP : 0    Others : 1    Total : 22
TCP : 20    UDP : 2    ICMP : 0    IGMP : 0    Others : 1    Total : 23
TCP : 21    UDP : 2    ICMP : 0    IGMP : 0    Others : 1    Total : 24
TCP : 22    UDP : 2    ICMP : 0    IGMP : 0    Others : 1    Total : 25
TCP : 23    UDP : 2    ICMP : 0    IGMP : 0    Others : 1    Total : 26
TCP : 24    UDP : 2    ICMP : 0    IGMP : 0    Others : 1    Total : 27
TCP : 25    UDP : 2    ICMP : 0    IGMP : 0    Others : 1    Total : 28
TCP : 25    UDP : 2    ICMP : 0    IGMP : 0    Others : 2    Total : 29
TCP : 26    UDP : 2    ICMP : 0    IGMP : 0    Others : 2    Total : 30
TCP : 27    UDP : 2    ICMP : 0    IGMP : 0    Others : 2    Total : 31
TCP : 28    UDP : 2    ICMP : 0    IGMP : 0    Others : 2    Total : 32
TCP : 29    UDP : 2    ICMP : 0    IGMP : 0    Others : 2    Total : 33
○ jiapengli@xiaoyanhu-System-Product-Name:~/sampling$ []
```

图 6.2　基于周期抽样的流量抽样算法实验结果

根据抽样周期为 3,即抽样率为 33%,此处的总报文数为 99,抽样数为 33,结果符合预期。

6.2　实验 2:基于随机抽样的流量抽样

6.2.1　实验目的

在 Linux 环境下,使用 libpcap 对检测到的报文实现随机抽样。

具体要求:使用 libpcap 对 500 个报文进行随机概率为 50% 的周期抽样,并将采集到的报文保存为 pcap 文件。

6.2.2　实验基本原理

随机抽样[20]根据一定的概率规则对数据总体进行抽样,从包含 N 个个体的数据总体中抽取出 n 个个体组成样本($N>n$),每个个体被抽取的概率相同。本实验中,我们随机抽样的方法是对每个报文生成高度独立的随机数,对随机数取余,除数是 100,然后根据设定的抽样的概率,判断该余数在哪个余数空间(如抽样概率为 50%,则判定该余数是否小于 50,若小于 50,则抽样该报文)。

考虑到实验环境下每秒有近百条报文的网络情况,仅使用基于秒级的系统时间作为随机数种子则会产生大量相同的随机数,因此,本实验借助 C 语言中的 sys/time. h 头文件,提取每个报文到达时的系统微秒级时间作为随机数种子,保证了高度独立的随机性。

本实验的体系结构与实验 1 相同,也是由报文采集、报文抽样和信息保存三层组成的,只是在报文抽样里的抽样规则发生了改变,根据预先定义的随机过程来确定抽样的起点和抽样间隔,此方法样本之间是相互独立的,避免了实验 1 中周期抽样导致的同步影响。

6.2.3　实验步骤

1) 整体流程

我们用 C 语言编写基于随机抽样的流量抽样程序。程序流程如图 6.3 所示,简要步骤如下:

a. 获取网络接口；

b. 打开网络接口；

c. 预先定义的阈值，即抽样率，数值为 1～100；

d. 获取每个到达的报文的系统微秒级时间；

e. 将步骤 d 中的时间作为随机数种子，生成实时随机数；

f. 将随机数进行对 100 取余，得到余数；

g. 判断余数是否小于阈值，如果小于，则继续，否则执行步骤 d；

h. 抽取并保存该报文。

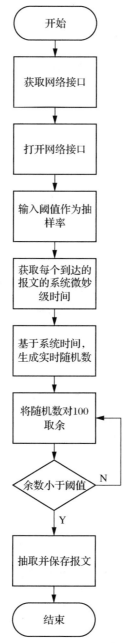

图 6.3 基于随机抽样的流量抽样算法实验流程图

2）获取报文到达时的系统微秒级时间

sysTime()是用户自定义的函数，需要引用头文件＜sys/time.h＞,利用 gettimeofday()和 localtime()两个函数提取当前系统微秒级时间，并返回该数值，相关代码如下：

```
struct timeval tv;
struct timezone tz;
struct tm * t;
gettimeofday(&tv, &tz);
t = localtime(&tv.tv_sec);
int now_T = t->tm_year+t->tm_mon+t->tm_mday+t->tm_hour+t->tm_min+t->tm_sec+
tv.tv_usec;
```

3）生成随机数

利用上述步骤中返回的微秒级时间作为随机数种子，输出具有高度独立性的随机数。在随机数生成环节，利用 C 语言的 srand()函数和 rand()函数，其函数原型如下：

```
void srand(unsigned int seed)
srand((unsigned)sysTime() );
temp=rand()% 100+1;
```

在调用 rand()函数之前，可以使用 srand()函数设置随机数种子，如果没有设置随机数种子，rand()函数在调用时，自动设置随机数种子为 1。而如果随机数种子相同，则每次产生的随机数也会相同。

6.2.4 实验案例

在本实验中，我们利用服务器流量来实现基于随机抽样的流量抽样，为了使得随机性得到验证，相较于实验 1，大幅增加了实验报文数，这里对到达的 500 个报文进行随机性为 50%的周期抽样，抽样结果如图 6.4 所示。

```
    time_now:2022-11-19 13:42:39.37612
    time_now:2022-11-19 13:42:39.45611
    TCP : 239   UDP : 0   ICMP : 0   IGMP : 0   Others : 0   Total : 239
    time_now:2022-11-19 13:42:39.53614
    time_now:2022-11-19 13:42:39.53617
    time_now:2022-11-19 13:42:39.61615
    time_now:2022-11-19 13:42:39.69615
    TCP : 240   UDP : 0   ICMP : 0   IGMP : 0   Others : 0   Total : 240
    time_now:2022-11-19 13:42:39.69618
    time_now:2022-11-19 13:42:39.77608
    TCP : 241   UDP : 0   ICMP : 0   IGMP : 0   Others : 0   Total : 241
    time_now:2022-11-19 13:42:39.85616
  ○ jiapengli@xiaoyanhu-System-Product-Name:~/sampling$ █
```

图 6.4 基于周期抽样的流量抽样算法实验结果

根据随机性为 50%，即抽样率为 50%，此处的总报文数为 500，抽样数为 241，实际抽样率为 48.2%，结果基本符合预期。

6.3   实验 3:基于掩码匹配的流量抽样

6.3.1   实验目的

在 Linux 环境下,使用 libpcap 对检测到的报文实现基于标识字段的掩码抽样。

具体要求:使用 libpcap 对 500 个报文进行指定位数的掩码抽样(如输入位数为 3,则抽样概率为 1/23),并将采集到的报文保存为 pcap 文件。

6.3.2   实验基本原理

基于掩码匹配的抽样测量是一种基于统计分析的流量抽样测量方法,实际上是一种基于报文内容的抽样技术,使用预定的比特掩码与待抽样的 IP 报头中的若干比特位进行匹配,如果匹配成功就抽取此 IP 报文。这种基于掩码匹配的抽样测量是用于多种网络测量环境,具有较高的效率和准确性[21-22]。基于掩码匹配的抽样测量以比特串匹配为基础,通过比较比特掩码和每个报文中的特定比特串来确定报文抽样与否,比特掩码长度直接影响测量系统的精度和效率,如图 6.5 所示。

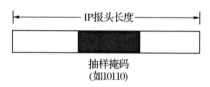

图 6.5   基于掩码匹配的比特串

理论上,抽样比率由抽样掩码比特长度决定,若掩码长度为 m,则存在 $M=2m$ 掩码取值,理论上的数据包抽样比率 $p=1/M$。而 IP 报文的标识字段随机性高且相互独立,非常适合充当掩码匹配比特串,并且可以通过调整 m 来控制抽样样本的数量。

6.3.3   实验步骤

1) 整体流程

下面,我们开始用 C 语言编写一个基于随机抽样的流量抽样程序。程序流程如图 6.6 所示,简要步骤如下:

a. 获取网络接口;

b. 打开网络接口;

c. 输入需要抽样的比特位数,得到抽样掩码;

d. 获取每个到达的报文特定位置的比特串;

e. 将报文的比特串进行掩码匹配,如果匹配,则继续,否则执行步骤 d;

f. 抽取并保存该报文。

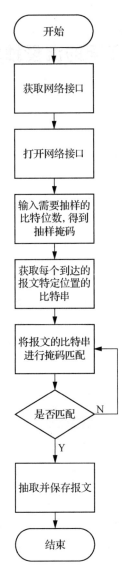

图 6.6   基于掩码匹配的流量抽样算法实验流程图

2) 捕获数据包

处理抓取到的数据包 process_packet()，在抓取到数据包后，我们还可以进一步地来分析数据包。这里利用 pcap_loop()中的第三个参数回调函数来处理抓取到的数据包，本实验采用的是自定义的回调函数 process_packet()，具体操作如下：

利用上述步骤得到的抽样掩码，执行抽样算法 ip_character_mask()函数，然后根据返回结果判定是否对该报文抽样。

```
int ip_character_mask(const u_char * Buffer)
{
    unsigned short iphdrlen;
    u_int16_t ip_id;
    char str[16] = {0};
    struct iphdr * iph = (struct iphdr * )(Buffer+ sizeof(struct ethhdr));
    ip_id=ntohs(iph->id);
```

```
//Convert IP_identification to binary
tobin(ip_id,str);
int len = strlen(str);
// Mask matching
for(int i = 0;i<m;i++)
{
    if(cpre[m-i-1] != str[len-i-1])
    return 0;
}
printf( " |-Identification    : % d\n",ntohs(iph->id));
printf("% s\n",str);
return 1;
}
```

6.3.4　实验案例

在本实验中,我们利用服务器流量来实现基于掩码匹配的流量抽样,这里对到达的 500 个报文进行掩码长度为 3(比率为 $1/2^3$)的掩码抽样,抽样结果如图 6.7 所示。

```
100011001001111
TCP : 45   UDP : 6   ICMP : 0   IGMP : 0   Others : 1   Total : 52
 |-Identification    : 50695
1100011000000111
TCP : 46   UDP : 6   ICMP : 0   IGMP : 0   Others : 1   Total : 53
 |-Identification    : 18007
100011001010111
TCP : 47   UDP : 6   ICMP : 0   IGMP : 0   Others : 1   Total : 54
 |-Identification    : 49215
1100000000111111
TCP : 47   UDP : 7   ICMP : 0   IGMP : 0   Others : 1   Total : 55
 |-Identification    : 50703
1100011000001111
TCP : 48   UDP : 7   ICMP : 0   IGMP : 0   Others : 1   Total : 56
 |-Identification    : 18015
100011001011111
TCP : 49   UDP : 7   ICMP : 0   IGMP : 0   Others : 1   Total : 57
 |-Identification    : 50711
1100011000010111
TCP : 50   UDP : 7   ICMP : 0   IGMP : 0   Others : 1   Total : 58
 |-Identification    : 18023
100011001100111
TCP : 51   UDP : 7   ICMP : 0   IGMP : 0   Others : 1   Total : 59
jiapengli@xiaoyanhu-System-Product-Name:~/sampling$ []
```

图 6.7　基于掩码匹配的流量抽样算法实验结果

根据掩码长度为 3(比率为 $1/2^3$),即抽样率为 12.5%,此处的总报文数为 500,抽样数为 59,实际抽样率为 11.8%,结果基本符合预期。

6.4　实验 4:基于多掩码匹配的流量抽样

6.4.1　实验目的

在 Linux 环境下,使用 libpcap 对检测到的报文实现基于标识字段的多掩码抽样。

具体要求:使用 libpcap 对 500 个报文进行任意指定概率的多掩码匹配抽样,并将采集到的报文保存为 pcap 文件。

6.4.2　实验基本原理

实验 3 中描述掩码法定义一串字符串作为掩码 M,掩码长度 L,如果标识字段的指定比特串同掩码 M 匹配,则抽样该报文,否则丢弃报文。理论上,长度 L 的掩码抽样的比率为 $1/2^L$。掩码法的缺点是其控制的抽样比率范围很小,长度为 16 bit 的标识字段仅有 16 种抽样比率,分别为 $1/2$、$1/2^2$、$1/2^3$、$1/2^4$、$1/2^5$、$1/2^6$、$1/2^7$、$1/2^8$、$1/2^9$、$1/2^{10}$、$1/2^{11}$、$1/2^{12}$、$1/2^{13}$、$1/2^{14}$、$1/2^{15}$、$1/2^{16}$。这 16 种抽样比率无法描述实际测量需求,为此本实验提出将不同的抽样掩码组合以实现任意抽样比率。

使用多个抽样掩码,使得不同抽样掩码对应的抽样比率能够直接叠加,必须保证不同的抽样掩码之间独立不相关。设 n 个抽样掩码的长度分别为 $L_i: i=1\ to\ n$,其对应的抽样比率分别为 $1/2^{L_i}$,则使用这 n 个抽样掩码的抽样概率为:

$$P_{\text{ratio}} = f\Big(\sum_{i=1}^{n} 1/2^{L_i}\Big)$$

如果这 n 个掩码之间是独立不相关的,则抽样概率为:

$$P_{\text{ratio}} = f\Big(\sum_{i=1}^{n} \frac{1}{2^{L_i}}\Big) = \sum_{i=1}^{n} \frac{1}{2^{L_i}}$$

为此抽样掩码的定义规则为:

(1) 抽样掩码第 1 个比特对应标识字段第 1 个比特,即偏移为 0;

(2) 长度为 L 的抽样掩码,其前面 $L-1$ 个比特值为 0,第 L 个比特值为 1。

根据以上规则,抽样参数定义为:设 n 个抽样掩码长度分别为 $L_i: i=1\ to\ n$,其掩码值定义为子掩码的抽样参数,即如果子抽样掩码长度为 L_i,则根据抽样掩码定义规则,其子抽样参数为 2^{L_i},同时,知道抽样参数,可以将其转化为用二进制表示的抽样掩码 因此根据上面规则,n 个子抽样掩码的参数定义为:

$$S = \sum_{i=1}^{n} 2^{L_i}$$

由于任何整数可以用多个不同的 $2i$ 组合得到,因此可以通过对 S 进行 2 幂分解得到各个抽样掩码的抽样参数,任何抽样参数可以转化为抽样掩码,下面给出多掩码抽样算法及其参数转化算法。

基于标识字段的多掩码抽样算法由抽样比率分解算法、参数分解算法和抽样算法这三部分组成:

在抽样比率分解算法中,首先根据任意抽样比率 $P_{\text{ratio}} \in (0,1)$,使用抽样比率分解算法将其转化为多个子抽样掩码。抽样比率分解算法可以保证抽样比率可以在 16 次循环之内转化为抽样参数,其抽样精度可控制在 1/65536 范围之内,相对精度误差为 $1/65536 \cdot P_{\text{ratio}}$;在参数分解算法中,由测量器得到抽样参数以后,可以使用参数分解算法将参数分解为对应的抽样掩码长度;在抽样算法中,首先得到了抽样掩码长度,根据抽样掩码定义规则,即可知道对应的抽样掩码,对于到达的报文,根据抽样算法决定是否抽样报文。

下面举例分析各算法,设要求抽样比率为 0.638,根据抽样比率分解算法将 0.638 分解为:$0.638 = 1/2+1/2^3+1/2^7+1/2^8+1/2^{10}+1/2^{12}+1/2^{15}+1/2^{16}+0.0000148$。相应的抽样参数 $S = 2+2^3+2^7+2^8+2^{10}+2^{12}+2^{15}+2^{16} = 103818$。分析器可以将抽样参数 103818 传送到测量

器,测量器根据抽样参数分解算法将抽样参数分解成子掩码长度,其 number=8,抽样掩码位置数组为 mask[ ]={1,3,7,8,10,12,15,16},其对应的各子抽样掩码分别为 1、001、0000001、00000001、0000000001、000000000001、00000000000001、0000000000000001。最后根据抽样算法抽样测量到达的报文。其中抽样比率分解算法和抽样参数分解算法为测量之前的任务,而抽样算法为测量过程中使用的算法[23]。

6.4.3 实验步骤

1) 整体流程

下面,我们开始用 C 语言编写一个基于随机抽样的流量抽样程序。程序流程如图 6.8 所示,简要步骤如下:

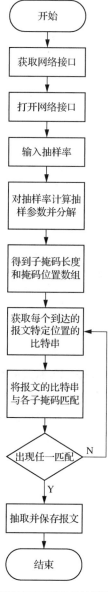

图 6.8 基于多掩码匹配的流量抽样算法实验流程图

a. 获取网络接口；

b. 打开网络接口；

c. 输入需要抽样率，数值为 0～1；

d. 对步骤 c 的抽样率计算抽样参数并分解；

e. 得到子掩码长度和掩码位置数组；

f. 获取每个到达的报文特定位置的比特串；

g. 将比特串与各子掩码匹配，若有任一匹配，则继续，否则执行步骤 e；

h. 抽取并保存该报文。

2) 根据输入的抽样比率，计算出抽样参数并分解

抽样参数计算与参数分解算法被集成在函数 Sampling_ratio_decomposition() 中，其中 P 即代表最终分解出的参数：

```
int Sampling_ratio_decomposition(float ratio)
{
    float a = ratio;
    int P = 0;
    printf("mask:");
    for(int i = 1;i<17;i++)
    {
        if(a>1.0/(pow(2,i)))
        {
            a = a - (1.0/pow(2,i));
            P = P + pow(2,i);
            //get the mask and its number
            mask[number] = i;
            printf("% d,",i);
            number++;
        }
    }
    return P;
}
```

3) 捕获数据包

处理抓取到的数据包 process_packet()，在抓取到数据包后，我们还可以进一步地来分析数据包。这里利用 pcap_loop() 中的第三个参数回调函数来处理抓取到的数据包，本实验采用的是自定义的回调函数 process_packet()，具体操作如下：

利用上述步骤得到的子掩码长度数组，执行抽样算法 multmask_matching() 函数，然后根据返回结果判定是否对该报文抽样。

```
int multmask_matching(const u_char * Buffer)
{
    //Get the ID of IPheader
    unsigned short iphdrlen;
    u_int16_t ip_id;
    char str[16] = {0};
    struct iphdr * iph = (struct iphdr *)(Buffer + sizeof(struct ethhdr));
    int flag = 0;
```

```
ip_id=ntohs(iph->id);

//Convert IP_identification to binary
tobin(ip_id,str);
int len = strlen(str);

//Get the first non-zero occurrence of the Identifies , NO.L
int L = 17-len;

//Multimask sampling algorithm
for(int i = 0;i<number-1;i++)
{
    if(mask[i] == L)
    {
        flag = 1;
        printf("The L is:% d\n",L);
        return flag;
    }
}
return flag;
}
```

6.4.4　实验案例

在本实验中,我们利用服务器流量来实现基于多掩码匹配的流量抽样,这里对到达的 500 个报文进行抽样率为 0.638 的多掩码抽样,抽样结果如图 6.9 所示。

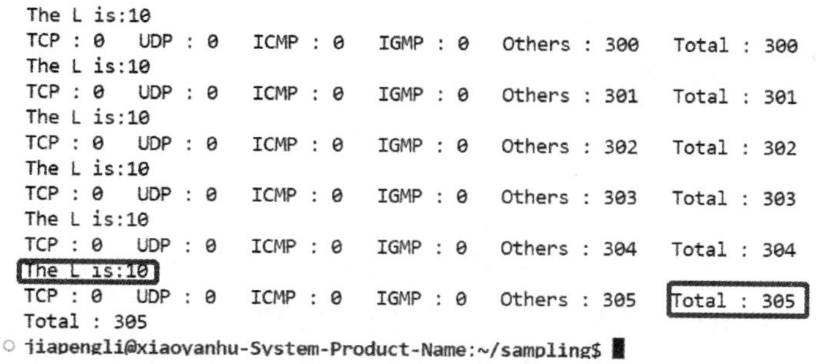

```
The L is:10
TCP : 0   UDP : 0   ICMP : 0   IGMP : 0   Others : 300   Total : 300
The L is:10
TCP : 0   UDP : 0   ICMP : 0   IGMP : 0   Others : 301   Total : 301
The L is:10
TCP : 0   UDP : 0   ICMP : 0   IGMP : 0   Others : 302   Total : 302
The L is:10
TCP : 0   UDP : 0   ICMP : 0   IGMP : 0   Others : 303   Total : 303
The L is:10
TCP : 0   UDP : 0   ICMP : 0   IGMP : 0   Others : 304   Total : 304
The L is:10
TCP : 0   UDP : 0   ICMP : 0   IGMP : 0   Others : 305   Total : 305
Total : 305
iiapengli@xiaoyanhu-System-Product-Name:~/sampling$
```

图 6.9　基于掩码匹配的流量抽样算法实验结果

根据抽样率为 0.638,即抽样率为 63.8%,此处的总报文数为 500,抽样数为 305,实际抽样率为 61.0%,结果基本符合预期。

7 网络哈希算法实验

IP 流的测量和分析是网络管理和网络流量工程技术研究和发展的重要依托。随着网络主干流量的迅速增长,网络流量的骤增会导致网络测量设备中的路由器资源迅速枯竭,因此一般采用报文抽样技术对原始报文进行过滤[24]。但使用报文抽样后,维护所有的流依旧需要大量的内存空间。因此网络管理者通常关注的是占用网络带宽超过一定阈值的流,采用基于哈希函数的流抽样技术,对网络中的流有选择地维护并在内存中进行测量。哈希函数是流抽样技术的核心。

本章设置了一个实验用于比较不同哈希函数的性能,主要通过对哈希函数的输出哈希值进行对比进而分析各种哈希函数之间的性能差异。

7.1 实验目的

理解几种常用的哈希函数算法原理,并利用 C 语言编写程序,通过数据实验比较这几种常用的哈希函数之间的性能差异。

7.2 实验基本原理

实验主要基于哈希(Hash)函数算法的原理进行实验、操作。哈希函数算法的原理是将任意可变长度的输入,通过给定的哈希函数变成固定长度的输出。这个映射的规则就是对应的 Hash 算法,而原始数据映射后的二进制串就是哈希值。

通过上述关于哈希函数算法的原理可以看出,随着输入数据的增多,就会难以避免地出现哈希值冲突的现象,即不同的输入值经过哈希函数的计算后得到相同的哈希值。为了尽可能地避免发生冲突,一方面我们可以减少输入的数据量,另一方面可以使用随机性更强的哈希算法以获取随机性高的哈希值。对于高速网络测量而言,减少输入的数据量几乎是无法做到的,于是我们进而希望获得随机性强的哈希函数用于减少冲突。同时,在高速网络测量过程中还需要兼顾哈希算法的运行效率,保证算法的运行时间处于可接受的范围之内。

基于以上原因,本实验将从冲突率、随机性、算法运行时间三个指标来评价不同的哈希函数之间的性能差异。首先定义随机性[25]、冲突率[26]的测度。

定义 1(随机性测度) 定义为位熵

$$H(b) = -\left[p\log_2 p + (1-p)\log_2(1-p)\right]$$

反映的是二进制数据中 0 和 1 的个数关系。由定义可知,位熵 $H(b)$ 满足 $0 \leqslant H(b) \leqslant 1$,且位熵越接近 1,随机性越强;位熵接近 0,表示确定性信息越多,随机性越差。

定义 2(冲突率测度)　定义为冲突率

$$r_{\text{collision}} = \frac{2}{N(N+1)} \sum_{i=1}^{M} \frac{N_i(N_i+1)}{2}$$

其中,N 表示输入的数据量;M 表示运算结果输出到 M 个槽中;N_i 表示哈希函数输出到第 i 号槽中的数据量。

在本实验中,首先将原始数据经过不同哈希函数算法运算得到不同的哈希函数值,再根据随机性、冲突率的测度以及运算时间,综合比较分析哈希函数之间的性能差异。

7.3　实验步骤

7.3.1　整体流程

我们使用 C 语言编写一个程序用于比较分析不同的哈希函数之间的性能差异,程序流程如图 7.1 所示,简要步骤如下:

a. 初始化程序,设置一个时钟变量用于计时;

b. 输入 n 个原始数据,根据哈希函数计算得到对应的 n 个哈希值;

c. 存储哈希值,并计算哈希值对应的位熵、冲突率;

d. 判断是否计算了 n 次位熵、冲突率,是则继续,否则执行步骤 c;

e. 计算并输出当前 n 个哈希值的平均位熵、平均冲突率;

f. 时钟变量停止计时,输出哈希函数算法所用时间。

7.3.2　哈希值的计算

哈希值的计算是通过函数 Initialize() 实现的。其中预先定义了一个 trace 结构体用于存放每条流的源 IP 等数据信息,在调用此函数时,首先将数据流中每条数据的信息存储至结构体中,然后调用相应的哈希函数计算得到每条数据的哈希值并将其返回。函数伪代码如下:

```
void Initialize()
{
    Struct trace{...};//定义结构体
    input data to trace;//输入原始数据
    for each trace
      use trace with hash function
      return ;//对每条原始数据使用哈希函数计算,返回哈希值
}
```

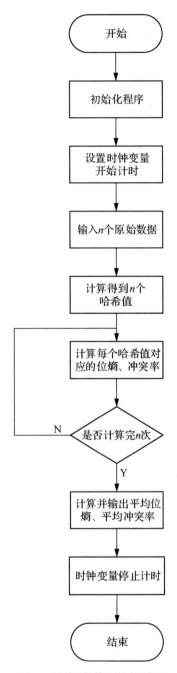

图7.1　哈希函数算法实验流程图

7.3.3　计算位熵

位熵的计算是根据函数 AverageBitEntropy() 得到的。如前文中提到的,位熵是反映哈希值(二进制)中 0 和 1 的数量关系的测度,因此对于每个得到的哈希值,先将其转化为二进制字符串后,再统计其中 0 和 1 所占的比例,再根据位熵测度公式得到此哈希值的位熵。函数伪代码如下:

```
void AverageBitEntropy()
{
    unsigned int k=0;
    for k=0
      if  hashvalue 不为 0 then
      k+=hashvalue&1,hashvalue>>1;
    end for
    return k; //统计字符 1 在二进制哈希值中所占的数目
    use k to calculate BitEntropy //计算此哈希值的位熵
}
```

7.3.4　计算冲突率

冲突率的计算采用 ConflictRate()函数实现。此函数中定义了一个与所有哈希值数目相同的新数组,其中初始元素设置为-1。对存储哈希值的数组从开头进行遍历,对重复出现的哈希值记录其重复出现的次数,并将其储存在对应哈希值首次出现的数组中的位置。遍历结束后,统计新数组中所有出现次数大于 1 的数值,并根据冲突率公式计算冲突率。函数伪代码如下:

```
void ConflictRate()
{
    int countArray[];
    initialize countArray; //创建计数数组并将其初始化
    for each hashvalue
      if  hashvalue≠0  //不统计哈希值为 0 的情况
        go through the hashvalue groups
        count the frequency of occurrence; //遍历哈希值数组并统计重复元素出现频率
    end if
    calculate ConflictRate; //根据冲突率计算公式计算冲突率
    return;
}
```

7.3.5　计算运行时间

对于不同的哈希函数,虽然它们将原始数据映射为哈希值的方法不同,但后续对于哈希值的位熵、冲突率运算是一致的。因此在程序开始时设置一个时钟变量,并在程序终止之前停止计时,通过比较调用不同哈希函数时的程序运行时间差异,即可得出不同哈希函数的运行效率差异。此部分功能较易实现,故此不做展示。

7.4　实验案例

实验中选择了几种常用的哈希函数,分别为 BOB[27]、CRC32[28]、IPSX[28]、XOR_SHIFT[25]、APhash[29]、BKDRhash 函数[30],各种哈希函数的具体实现详见 7.5 节附录源码。现以一条源 IP 为 104.16.28.216、宿 IP 为 192.168.10.5、源端口为 80、宿端口为 55054 的聚合流为例,展示不同哈希函数输出的哈希值,如图 7.2 所示。

```
The Source IP is 104.16.28.216
The Destination IP is 192.168.10.5
The Source Port is 80
The Destination Port is 55054
The hash value of IPSX is 1690
The hash value of XOR_SHIFT is 63811
The hash value of CRC32 is 1739269744
The hash value of BOBhash is 536885893
The hash value of BKDRhash is 249573347
The hash value of APhash is 797198301
请按任意键继续. . .
```

图 7.2　调用不同哈希函数输出哈希值结果

在实验中,我们选取了约 23 万条流记录,每条记录中整合了包括源 IP、宿 IP、源端口、宿端口在内的数据并将其作为哈希函数的输入,比较了 BOB、CRC32、IPSX、XOR_SHIFT、APhash、BKDRhash 等哈希函数的运算性能,如表 7.1 所示。

表 7.1　不同哈希函数的比较

	CRC32	BOB	APhash	BKDRhash	IPSX	XOR_SHIFT
位熵	0.976 716	0.976 889	0.976 152	0.977 426	0.808 976	0.977 072
冲突率	1.105 8e($-$5)	8.859 8e($-$6)	1.779 4e($-$5)	1.779 5e($-$5)	3.216e($-$5)	1.990 8e($-$5)
运行时间/s	49.064	38.27	27.85	27.86	20.08	23.01

从上表的比较中我们可以看到,针对 23 万条的流记录,IPSX、XOR_SHIFT、APhash、BKDRhash 在运算时间方面相较 BOB、CRC32 有着明显的优势。这种时间上的差异主要是哈希算法实现过程中的操作差异导致的,BOB、CRC32 算法中的异或、位移等操作高达几百甚至上千次,而 IPSX、XOR_SHIFT、APhash、BKDRhash 算法中仅有几十次甚至几次的异或、位移操作,正是这些差异导致了 BOB、CRC32 算法的运行时间与其他几种算法有着显著差异;然后关注冲突率,可以看出实验中比较的哈希函数的冲突率均可以达到万分之一的量级,这对于高速网络测量中的千万级别的报文数量处在可以接受的范围内;在随机性(位熵)方面,除 IPSX 算法外,实验中测试的其他算法都有着良好的位熵值。

综合实验结果的分析,在高速网络测量中,首先应该考虑的是运行时间的长短,因此不建议选取 BOB、CRC32 算法;此外,基于哈希函数随机性的考虑,IPSX 算法的随机性也明显弱于剩下的 3 种算法。另外值得注意的是,APhash、BKDRhash 并不是针对 IP 流测量设计的算法,它们的输入数据可以是任意长度的字符串,而 XOR_SHIFT 的输入数据则是针对源 IP、宿 IP、源端口、宿端口的 16 位长度的特异性数据,因此可能比 APhash、BKDRhash 算法更适用于高速 IP 流测量,具体的性能差异有赖于更多的数据实验。

7.5　附录源码

几种哈希函数的算法源码如下:
IPSX 哈希算法:

```
1.  //IPSX hash function
2.  unsigned int ipsx(unsigned int f1,unsigned int f2, unsigned int f3)
3.  {
4.      unsigned int h1,v1,v2;
5.      v1=f1^f2;
6.      v2=f3;
7.      h1=v1<<8;
8.      h1^=v1>>4;
9.      h1^=v1>>12;
10.     h1^=v1>>16;
11.     h1^=v2<<6;
12.     h1^=v2<<10;
13.     h1^=v2<<14;
14.     h1^=v2>>7;
15.     h1=(h1<<16)>>16;//输出 h1 的后 16 位比特串
16.     return h1;
17. }
```

XOR_SHIFT 哈希算法：

```
1.  //XOR_SHIFT hash function
2.  unsignedshort xorhash (unsigned short f1, unsigned short f2, unsigned short f3,
    unsigned short f4,unsigned short f5,unsigned short f6)
3.  // f1:源 ip 前 16 位  f2:源 ip 后 16 位  f3:宿 ip 前 16 位  f4:宿 ip 后 16 位  f5:源端口  f6:宿
    端口
4.  {
5.      unsigned short hash,hash1;
6.
7.      hash1=f2<<3|f2>>(16-3);
8.      hash1=hash1^f4;
9.      hash=hash1;
10.
11.     hash1=f1<<3|f1>>(16-3);
12.     hash1=hash1^f5;
13.     hash^=hash1;
14.
15.     hash1=f3<<3|f3>>(16-3);
16.     hash1=hash1^f6;
17.     hash^=hash1;
18.
19.     return hash;
20. }
```

CRC32 哈希算法：

```
1.  //CRC32 hash function
2.  const unsigned int crc32tab[] = {};//用于存放参数，由于参数过多因此不在此展示
3.  unsigned int crc32(const unsigned char * buf, unsigned int size)
4.  {
5.      unsigned int i, crc;
6.      crc = 0xFFFFFFFF;
7.
8.      for (i = 0; i < size; i++)
```

```
9.      crc = crc32tab[ (crc ^buf[i]) &0xff] ^(crc >> 8);
10.
11.   return crc^0xFFFFFFFF;
12.  }
```

BOB 哈希算法：

```
1.  //Bob hash function
2.  # define mix(a,b,c) \
3.  { \
4.    a -= b; a -= c; a ^= (c>>13); \
5.    b -= c; b -= a; b ^= (a<<8); \
6.    c -= a; c -= b; c ^= (b>>13); \
7.    a -= b; a -= c; a ^= (c>>12); \
8.    b -= c; b -= a; b ^= (a<<16); \
9.    c -= a; c -= b; c ^= (b>>5); \
10.   a -= b; a -= c; a ^= (c>>3); \
11.   b -= c; b -= a; b ^= (a<<10); \
12.   c -= a; c -= b; c ^= (b>>15); \
13.  }
14.  unsigned int bob_hash(char const * k, int length, unsigned int initval)
15.  {
16.   unsigned int a,b,c,len;
17.   /* Set up the internal state */
18.   len = length;
19.   a = b = 0x9e3779b9;/* an arbitrary value */
20.   c = initval;
21.   while (len >= 3)
22.      {
23.      a += k[0];
24.      b += k[1];
25.      c += k[2];
26.      mix(a,b,c);
27.      k += 3; len -= 3;
28.      }
29.   c +=(length<<2);
30.   switch(len)
31.   {
32.     case 2: b+=k[1];
33.     case 1: a+=k[0];
34.   }
35.   mix(a,b,c);
36.   return c;
37.  }
```

BKDR 哈希算法：

```
1.  // BKDR hash function
2.  unsigned int BKDRHash(char * str)
3.  {
4.    unsigned int seed = 131; //选定的操作参数
5.    unsigned int hash = 0;
6.    while (* str)
```

```
7.    {
8.      hash = hash * seed + (*str++);
9.    }
10. return (hash &0x7FFFFFFF);
11. }
```

AP 哈希算法：

```
1.  //AP Hash Function
2.  unsigned int APHash(char * str)
3.  {
4.    unsigned int hash = 0;
5.    int i;
6.    for (i=0; *str; i++)
7.    {
8.      if ((i &1)==0)
9.      {
10.       hash ^= ((hash<<7)^(*str++)^(hash >> 3));
11.     }
12.     else
13.     {
14.       hash^=(~ ((hash << 11)^(*str++)^(hash>>5)));
15.     }
16.   }
17.   return (hash &0x7FFFFFFF);
18. }
```

8 Bitmap 计数实验

8.1 实验目的

对于庞大的流量数据集来说，其中可能包含几十万至上百万的流量数据，如何高效地统计出其中的流数量便成了一个问题。本实验要求学习掌握 Bitmap(位图)算法，并要求使用 C 语言将该算法在流计数问题上加以应用，主要实验内容如下：

(1) 掌握 Bitmap 算法原理；
(2) 实现 Bitmap 的结构定义及基本操作；
(3) 实现直接位图[31]算法在流计数上的应用；
(4) 实现虚拟位图[32]算法在流计数上的应用。

8.2 实验基本原理

8.2.1 算法原理

计算机里中最基本的单元就是 bit 位，例如 C 语言中一个 int 型变量就包含了 32 bit，位图算法就是通过使用位图中的 bit 位对数据进行存储，想要判断一个数据是否存在，仅需对其所能够映射到的 bit 位进行检查即可。

举个简单的例子，假设我们有{9,1,0,5,4,7,1,8,4}这样一组数据，我们需要使用位图将这组数据存储，由于这组数据中最大值是 9，所以我们申请一个大小为 10 bit 的位图，在初始状态下，位图中 bit 位的值应当为全 0，如图 8.1 所示：

0	1	2	3	4	5	6	7	8	9
0	0	0	0	0	0	0	0	0	0

图 8.1 位图示例

接下来对数据进行存储，对照数列将相应的 bit 位置 1 以标明其存在，这样我们就可以得到如图 8.2 所示的处理后的位图。通过这样一张位图我们可以轻易地判别出在原始数列中存在 0、1、4、5、7、8、9 这几个数字，但是我们也可以发现通过位图判断不了各个数据出现的次数，例如在原始数列中 1、4 这两个数字都出现了两次，通过位图我们则不能获得这个信息。

0	1	2	3	4	5	6	7	8	9
1	1	0	0	1	1	0	1	1	1

图 8.2 处理后的位图

　　实际上由于一个 bit 位只存在 0 和 1 两种值,所以使用位图存储数据时我们只能对数据是否存在这种非 0 即 1 的问题做出判断,而无法通过位图了解数据的具体值以及其实际出现的次数。除此之外,由于以上数据较少,并不能直观地体现出位图算法的优势,假如我们现在有一千万个数据需要存储,每个数的范围在 1 到 1 亿之间,如果使用整形数组对其进行存储,那么我们需要 40 MB 的存储空间,而如果我们使用位图对其进行存储,那么所需的存储空间则是 1 亿个 bit 位,也就是 12.5 MB,相比较起来节省了大量的存储空间。

　　综合以上两点,在数据规模较大且存在较多冗余数据的情况下,使用位图算法可以对其进行高效的计数统计,这与流计数的要求刚好契合,我们仅需将流数据的流标号(FlowID)映射至位图的 bit 位并将其置 1,在统计结束后对位图进行一次遍历便可计算出带有不同流标号的流数量。

8.2.2　流计数算法

　　本实验的流计数算法主要分为两个模块:位图处理以及流数量估值。

　　1) 位图处理

　　位图处理算法流程如图 8.3 所示,首先我们从数据集中获取数据量信息,并根据数据量创建位图,而后读取数据集中记录的流标号,用哈希函数将其映射至位图中的某一位,将这一位置 1,直到文件读取完毕即可得到处理后的位图。

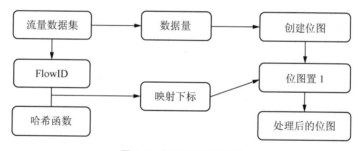

图 8.3　位图处理算法流程

　　2) 流数量估计

　　流数量估计算法较为简单,流程如图 8.4 所示,仅需对位图进行一次遍历,统计出位图中值为 1 的 bit 位个数。但由于哈希冲突的存在[33],该数据并非流数量,还需要进行一个数学计算,才能够得到我们最终的估值。

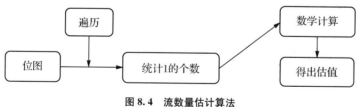

图 8.4　流数量估计算法

8.3　实验步骤

8.3.1　结构体及其操作定义

以下为本实验使用的位图结构体 Bitmap 的定义,其中包括一个指向连续的 32 位变量的地址指针,一个指明使用到的变量个数的整型变量,一个指明位图大小的整型变量。

```
typedef struct BitMap{
    uint32_t    *bitmap;    //实际位图空间
    int         num;        //变量个数,用于给指针分配空间
    int         size;       //指明该位图 bit 位数
}BitMap;
```

除此之外还需要定义几个对位图进行操作的函数,以下五个函数分别实现了位图初始化、位图创建、空间释放、bit 位置 1、计数的功能。

1) 位图初始化

```
void BMInit(BitMap * bm){
    bm->size = 0;
    bm->num = 0;
    bm->bitmap = (uint32_t * )malloc(sizeof(uint32_t) * 1);
    assert(bm->bitmap);
    memset(bm->bitmap, 0x0, sizeof(uint32_t) * 1);
    printf("初始化完成\n");
}
```

2) 位图创建

```
void BMCreat(BitMap * bm, unsigned int bitnum){
    bm->size = bitnum;
    unsigned int num = bm->size /32;
    num += (bm->size % 32) ? 1 :0;
    bm->bitmap = (uint32_t * )malloc(sizeof(uint32_t) * num);
    assert(bm->bitmap);
    bm->num = num;
    memset(bm->bitmap, 0x0, sizeof(uint32_t) * num);
    printf("位图创建化完成,位图大小位% ubit\n",bm->size);
}
```

3) 空间释放

```
void BMDestroy(BitMap * bm){
    free(bm->bitmap);
}
```

4) 位图 bit 置 1

```
void BMSet1(BitMap * bm, unsigned int which){
    assert(which < bm->size);
    unsigned int index = which /32;
    unsigned int bit = which % 32;
    bm->bitmap[index] |=(1 << bit);
}
```

5) 计数

```
unsigned int Count(BitMap * bm){
    unsigned int count = 0;
    int i, j;
    uint8_t ch;
    unsigned char * table = "\0\1\1\2\1\2\2\3\1\2\2\3\2\3\3\4";
    for (i = 0; i < bm->num; i++) {
        for (j = 0; j < sizeof(uint32_t); j++) {
            ch = 0xFF & (bm->bitmap[i] >> j * sizeof(uint8_t));
            count += table[ch & 0xF];
            count += table[(ch >> 4) & 0xF];
        }
    }
    return count;
}
```

8.3.2 算法实现

本实验实现了两种简单位图算法,包括直接位图算法和虚拟位图算法。直接位图就是一个简单位图,将流标号映射到位图上某一位用以标识其存在;而虚拟位图简单地说就是直接位图的一部分,只对这一部分进行存储,也只将映射到这一部分空间的流记录下来,对于其他流则不进行任何操作。在介绍算法之前,我们还需要用如下函数,用于计算位图大小/哈希空间。

```
unsigned int Hspace(FILE * f){
    double e;
    unsigned int n=0;
    char row[1024];
    while (fgets(row, 1024, f)!=NULL) //根据流数量来计算合适的哈希空间
        n++;
    printf("可接受误差:");
    scanf("%lf",&e);
    n=n/log(n *e *e+1);
    return n;
}
```

1) 直接位图算法(见图 8.6)

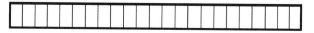

图 8.5 直接位图

直接位图算法是一种用于估计流数量的简单算法,如图 8.5 所示便是一个直接位图,在流标号上使用哈希函数将每个流映射到位图的一位。在我们对数据集进行读取时,每读取到一条数据,就通过哈希函数将其散列到的位设置为 1。属于同一流的所有数据都会映射到相同的位,因此每个流最多只会改变一个 bit 位的值,统计完成后我们可以通过统计位图中值为 1 的 bit 位数量来估计流数量。算法流程如图 8.6 所示。

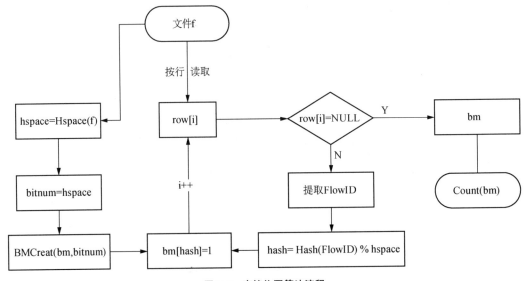

图 8.6　直接位图算法流程

代码如下:

```
hspace=Hspace(f);//通过文件数据流确定哈希空间大小
bitnum=hspace;
BMCreat(bm,bitnum);//创建位图
While(fgets(row, 1024, f)!=NULL){
    FlowID=strtok(row, ","); //提取流标号
    H=Hash(FlowID); //哈希值
    hash=H% hspace;
    BMSet1(bm,hash); //指定位置1
}
count=COUNT(bm); //统计 1 的个数
```

通过以上算法最终可以得到一个数值 c(即位图中 1 的个数),但该数值实际上并不是我们所要求的流数量,因为需要考虑到哈希冲突,多个流很有可能映射到位图的同一位上,所以需要通过一个简单的数学运算来求得流数量的估计值。假设位图大小为 a,那么通过以下公式即可求得流数量的估计值 n。

$$n = a\ln\frac{a}{a-c}$$

2）虚拟位图算法（见图 8.8）

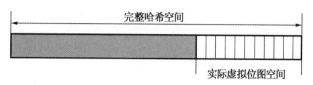

图 8.7 虚拟位图

虚拟位图算法是在直接位图上的基础上，引入一个采样因子 α，只申请 α 部分的位图空间，但是哈希空间与其对应的直接位图一致，同样对流标号进行哈希，将映射到这一部分位图空间［即虚拟位图（见图 8.7）］的 bit 位进行标记，而对于其他未能映射到这部分空间的流不执行任何操作。虚拟位图算法的大致流程与直接位图算法差异并不大，仅需在位图初始化的时候引入采样因子 α 以构建虚拟位图，并在处理位图时对哈希值是否映射到虚拟位图做一个判断即可，算法流程如图 8.8 所示。

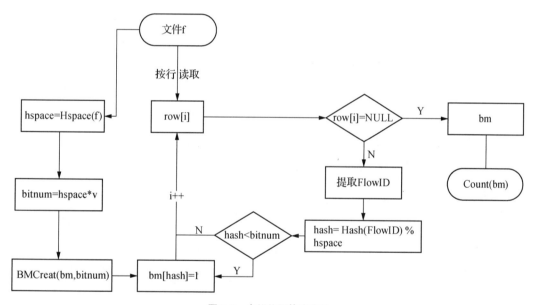

图 8.8 虚拟位图算法流程

代码如下：

```
hspace=Hspace(f);//通过文件数据流确定哈希空间大小
bitnum=hspace*v; //引入采样因子
BMCreat(bm,bitnum);//创建位图
While(fgets(row, 1024, f)!=NULL){
    FlowID=strtok(row, ",");//提取流标号
    H=Hash(FlowID); //哈希值
    hash=H% hspace;
    if(hash<bitnum
        BMSet1(bm,hash); //哈希值能够映射在虚拟位图上则置 1
    else
```

```
        continue; //哈希值不在虚拟位图范围内则不进行操作
    }
    count=COUNT(bm); //统计 1 的个数
```

在算法运行结束后同样能够得到一个数值 v（虚拟位图中 1 的个数），但是与直接位图算法不同的是，估计流数量时需要将采样因子 α 引入计算，假设虚拟位图大小为 b，那么通过以下公式可以得出流数量的估计值 n。

$$n = \frac{1}{\alpha} b \ln \frac{b}{b-v}$$

8.4　实验案例

本次实验使用数据集 CICIDS2017[34] 中的 Monday-WorkingHours. pcap_ISCX. csv 作为输入，其中共有约 53 万个数据包的信息，分别使用直接位图算法和虚拟位图算法对该数据集进行流数量估计。

8.4.1　直接位图算法

首先我们使用直接位图算法对该数据集进行流数量估值，将误差值分别设置在 0.01、0.03、0.05，可以得到如图 8.9 所示的三个估值数据：247 307、250 988、254 397，而文件实际的流数量在 249 000 左右，可以看出误差都在可接受范围内。

```
输入文件路径: D:/Bitmap/TrafficLabelling/Monday-WorkingHours.pcap_ISCX.csv
可接受误差: 0.01
位图创建化完成, 位图大小位132850bit
流数量估计值为247307

输入文件路径: D:/Bitmap/TrafficLabelling/Monday-WorkingHours.pcap_ISCX.csv
可接受误差: 0.03
位图创建化完成, 位图大小位85894bit
流数量估计值为250988

输入文件路径: D:/Bitmap/TrafficLabelling/Monday-WorkingHours.pcap_ISCX.csv
可接受误差: 0.05
位图创建化完成, 位图大小位73704bit
流数量估计值为254397
```

图 8.9　不同参数下直接位图算法的实验结果

8.4.2　虚拟位图算法

接下来同样地将误差值分别设置在 0.01、0.03、0.05，使用虚拟位图算法对其进行流数量估计，采样因子为 0.15 时，可以得到如图 8.10 所示的三个估值数据分别为 247 566、264 426、262 693，对比直接位图算法，我们可以看出，虚拟位图算法的误差明显变大，甚至超过所预设的可接受误差值。为了探寻出现这种情况的原因，我们额外进行了如图 8.11 所示的实验。

```
输入文件路径: D:/Bitmap/TrafficLabelling/Monday-WorkingHours.pcap_ISCX.csv
可接受误差: 0.01
输入采样因子v: 0.15
位图创建化完成,位图大小位19927bit
流数量估计值为247566
输入文件路径: D:/Bitmap/TrafficLabelling/Monday-WorkingHours.pcap_ISCX.csv
可接受误差: 0.03
输入采样因子v: 0.15
位图创建化完成,位图大小位12884bit
流数量估计值为264426
输入文件路径: D:/Bitmap/TrafficLabelling/Monday-WorkingHours.pcap_ISCX.csv
可接受误差: 0.05
输入采样因子v: 0.15
位图创建化完成,位图大小位11055bit
流数量估计值为262693
```

图 8.10 不同参数下虚拟位图算法的实验结果

```
输入文件路径: D:/Bitmap/TrafficLabelling/Monday-WorkingHours.pcap_ISCX.csv
可接受误差: 0.05
输入采样因子v: 0.25
位图创建化完成,位图大小位18426bit
流数量估计值为255540
输入文件路径: D:/Bitmap/TrafficLabelling/Monday-WorkingHours.pcap_ISCX.csv
可接受误差: 0.05
输入采样因子v: 0.35
位图创建化完成,位图大小位25796bit
流数量估计值为253017
输入文件路径: D:/Bitmap/TrafficLabelling/Monday-WorkingHours.pcap_ISCX.csv
可接受误差: 0.05
输入采样因子v: 0.45
位图创建化完成,位图大小位33166bit
流数量估计值为252806
```

图 8.11 不同采样因子下虚拟位图算法的实验结果

这三组实验将误差设置在 0.05,而采样因子分别设置为 0.25、0.35、0.45,可以发现随着采样因子的变大,误差越来越小。我们推测在预设误差值较大的情况下,创建的位图偏小,导致哈希冲突较多,因此在采样因子较小的情况下容易造成较大的误差。将上述所有实验汇总,就可以得到表 8.1 所示的实验结果。

表 8.1 不同参数下两种算法的实验结果

算法	可接受误差		位图大小	流数量估值	误差率
	0.01		132 850 bit	247 307	0.76%
直接位图	0.03		85 894 bit	250 988	0.72%
	0.05		73 704 bit	254 397	2.08%
算法	可接受误差	采样因子	位图大小	流数量估值	误差率
	0.01	0.15	19 927 bit	247 566	0.66%
	0.03	0.15	12 884 bit	264 426	6.11%
虚拟位图	0.05	0.15	11 055 bit	262 693	5.41%
	0.05	0.25	18 426 bit	255 540	2.54%
	0.05	0.35	25 796 bit	253 017	1.53%
	0.05	0.45	33 166 bit	252 806	1.45%

从表中我们可以看到,直接位图的误差一般较小,而虚拟位图误差则会较大,通过以上实验结果表明,直接位图算法能够带给我们更为精确的结果,对比直接位图,虚拟位图精度稍差,但所使用的存储空间相对较少,可以说是各有利弊。

8.5 附录源码

```
Bitmap.h
# include < stdlib.h>
# include < assert.h>
# include < stdio.h>
# include < string.h>

typedef unsigned int    uint32_t;
typedef unsigned char   uint8_t;

typedef struct BitMap{
    uint32_t    *bitmap;    //实际位图空间
    int         num;        //存储元素个数
    int         size;       //指明该位图 bit 位数
}BitMap;

//位图初始化
void BMInit(BitMap * bm){
    bm->size = 0;
    bm->num = 0;
    bm->bitmap = (uint32_t *)malloc(sizeof(uint32_t) * 1);
    assert(bm->bitmap);
    memset(bm->bitmap, 0x0, sizeof(uint32_t) * 1);
    printf("初始化完成\n");
}

//位图创建
void BMCreat(BitMap * bm, unsigned int bitnum){
    //printf("% u",bitNum);
    bm->size = bitnum;
    unsigned int num = bm->size /32;
    num += (bm->size % 32) ? 1 :0;
    bm->bitmap = (uint32_t *)malloc(sizeof(uint32_t) * num);
    assert(bm->bitmap);
    bm->num = num;

    memset(bm->bitmap, 0x0, sizeof(uint32_t) * num);
    printf("位图创建化完成,位图大小位% ubit\n",bm->size);
}

//位图 bit 置 1
void BMSet1(BitMap * bm, unsigned int which){
    assert(which < bm->size);
```

```
        unsigned int index = which /32;
        unsigned int bit = which % 32;

        bm->bitmap[index] |= (1 << bit);
}

//计数
unsigned int Count(BitMap * bm){
        unsigned int count = 0;
        int i, j;
        uint8_t ch;
        unsigned char * table = "\0\1\1\2\1\2\2\3\1\2\2\3\2\3\3\4";
        for (i = 0; i < bm-> num; i++) {
                for (j = 0; j < sizeof(uint32_t); j++) {
                        ch = 0xFF & (bm->bitmap[i] >> j * sizeof(uint8_t));
                        count += table[ch & 0xF];
                        count += table[(ch >> 4) & 0xF];
                }
        }

        return count;
}

//释放空间
void BMDestroy(BitMap * bm){
        free(bm->bitmap);
}
```

Main. c

```
# include "Bitmap. h"
# include < math. h>

//hash 函数
unsigned int BKDRhash(const char * str){
        unsigned int seed=31;
        unsigned int hash=0;
        while(*str){
                hash=hash*seed+(*str++);
        }
        return (hash &0x7FFFFFFF);
}

//计算哈希空间
unsigned int Hspace(FILE * f){
        double e;
        unsigned int n=0;
        char row[1024];
        while (fgets(row, 1024, f)!=NULL)
                n++;

        printf("可接受误差:");
```

```
        scanf("% lf",&e);
        n=n/log(n *e *e+1);

        return n;
}

//位图计数算法
unsigned int BM_COUNT(BitMap * bm,FILE * f,unsigned int hspace){
        //unsigned int bitnum=MAX_BIT/v;
        char row[1024];
        char * flowid;
        unsigned int t=0;
        unsigned int hash=1;
        while (fgets(row, 1024, f)!=NULL) {//按行读取数据
                flowid=strtok(row, ",");
                hash=BKDRhash(flowid);
                hash%=hspace;//对整个哈希空间做求余运算
                if(hash!=t&&hash<(bm->size)){
                        BMSet1(bm,hash);
                        t=hash;
                }
                else{
                        continue;
                }
        }
        unsigned int count=Count(bm);

        return count;
}

//估值计算
unsigned int Result(unsigned int count,unsigned int bitnum){
        double i,j;
        unsigned int result;
        i=(bitnum *1.0)/(bitnum-count);
        j=log(i);
        result=bitnum *j;

        return result;
}

int main(){
        unsigned int bitnum=1;
        BitMap * t;
        BMInit(t);//初始化
        FILE * f;
        fpos_t header;
        char file[100];
        double v;//采样因子
        unsigned int count;
        unsigned int result;
        unsigned int hspace;
```

```
int s=1;
while(s){
    printf("-----------------------------------------------------\n");
    printf("选择算法:1. 直接位图算法   2. 虚拟位图算法   0. 退出程序\n");
    scanf("% d",&s);
    switch(s){
        case 1://直接位图算法
            printf("输入文件路径:");
            scanf("% s",file);
            f=fopen(file,"r");
            if(f!=NULL){
                fgetpos(f, &header);//记录文件启示位置
                hspace=Hspace(f);
                bitnum=hspace;
                BMCreat(t,bitnum);///确保每次循环位图为全 0
                fsetpos(f, &header);
                count=BM_COUNT(t,f,hspace);
                result=Result(count,t-> size);
                printf("流数量估计值为% u\n",result);
                fclose(f);
            }
            else
                printf("文件打开失败,请检查文件路径\n");
            break;

        case 2://虚拟位图算法
            printf("输入文件路径:");
            scanf("% s",file);
            f=fopen(file,"r");
            if(f!=NULL){
                fgetpos(f, &header);//记录文件启示位置
                hspace=Hspace(f);
                printf("输入采样因子 v:");
                scanf("% lf",&v);
                bitnum=hspace * v;//确定虚拟位图大小
                BMCreat(t,bitnum);///确保每次循环位图为全 0
                fsetpos(f, &header);
                count=BM_COUNT(t,f,hspace);
                result=Result(count,t->size)/v;
                printf("流数量估计值为% u\n",result);
                fclose(f);
            }
            else
                printf("文件打开失败,请检查文件路径\n");
            break;

        case 0:
            printf("程序已结束! \n");
            printf("-----------------------------------------------------\n");
            break;
```

```
            default:
                break;
        }
        //BMZero(t);
    }
    BMDestroy(t);
    return 0;
}
```

9 Bloom Filter 记录查询实验

9.1 实验目的

学习 Bloom Filter、Count Bloom Filter 与 Adaptive Bloom Filter 原理,实现插入、删除、查询数据等操作,并且能够解决大数据量下的集合查询问题。

9.2 实验基本原理

9.2.1 标准 Bloom Filter[35-37]

标准 Bloom Filter(BF)是由 Howard Bloom 在 1970 年提出的二进制向量数据结构,被用于检测一个元素是否是集合中的一员,它有很好的空间和时间效率。标准 Bloom Filter 采用的是哈希函数的方法来判断一个元素是否在集合中,将一个元素映射到一个 m 长度的阵列上的 k 个点,当这 k 个点的值均为 1 时,那么这个元素就在集合内。标准 Bloom Filter 优点是插入和查询元素的时间都是常数,另外它插入元素却并不保存元素本身,具有良好的安全性。但它的缺点也显而易见,随着插入元素增多,错判某元素"在集合内"的概率越大。另外标准 Bloom Filter 不能删除元素,因为多个元素的哈希结果可能在标准 Bloom Filter 的结构中占用的是同一位,如果删除某个比特位,可能会影响多个元素的检测。

标准 Bloom Filter 原理图,如图 9.1 所示。

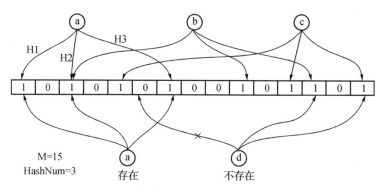

图 9.1　标准 Bloom Filter 原理图

9.2.2 Count Bloom Filter[38]

标准 Bloom Filter 是一种很简单的数据结构,它只支持插入和查找两种操作。在所要表达的集合是静态集合的时候,标准 Bloom Filter 可以很好地工作,但是如果要表达的集合经常变动,标准 Bloom Filter 的弊端就显现出来了,因为它不支持删除操作。Count Bloom Filter(CBF)的出现解决了这个问题,它将标准 Bloom Filter 位数组的每一位扩展为一个小的计数器(Counter),在插入元素时给对应的 k(k 为哈希函数个数)个 Counter 的值分别加1,删除元素时给对应的 k 个 Counter 的值分别减 1。Count Bloom Filter 通过多占用几倍的存储空间的代价,给 Bloom Filter 增加了删除操作。

Count Bloom Filter 原理图如图 9.2 所示。

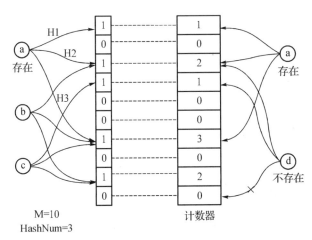

图 9.2 **Count Bloom Filter** 原理图

9.2.3 Adaptive Bloom Filter[39]

Adaptive Bloom Filter(ABF)与 Bloom Filter(BF)一样,仅使用单个位向量。ABF 可以以与 CBF 相同的方式估计每个元素出现的次数。ABF 动态更改哈希函数的数量。在 ABF 上计算哈希冲突的基本思想如下:ABF 工作在 BF 的基础上 ,即 ABF 将 k 个哈希函数指示的每个位位置设置为 1。当所有 k 个位位置都已设置为 1 以记录一个元素时,ABF 通过使用第 $k+1$ 个附加哈希函数来计算哈希值。此外,如果由第 $k+1$ 个函数定位的位已经是 1,则 ABF 通过另一个哈希函数迭代计算,直到由第 $k+N+1$ 个哈希函数指示的位为 0,附加散列函数的数量 N 代表每个关键元素的出现次数。

Adaptive Bloom Filter 原理图如图 9.3 所示。

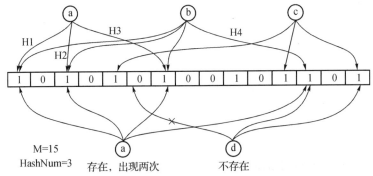

图 9.3 **Adaptive Bloom Filter** 原理图

9.3　实验步骤

9.3.1　哈希函数

选取了 ELFhash 算法、PJWhash 算法、BKDRhash 算法、APhash 算法、JShash 算法、RShash 算法、SDBMhash 算法、DJBhash 算法、FNVhash 算法和 JAVAhash 算法。

9.3.2　整体流程

插入：函数通过调用 ReadFile_Insert（）函数打开数据集，按序读取每一行数据，将 FlowID 作为关键字，调用 Insert（）函数将关键字插入到过滤器中。Insert（）函数会调用所有的 hash（）函数，但进入每一个 hash（）内部后，先判断已调用的哈希函数个数是否超过设定的哈希函数个数，若超过直接退出，反之计算出哈希值后与布隆过滤器大小即 BloomFilterSize 取模，将对应位的值进行修改。

查询：设置临时变量 Flag，初始化为 1。函数通过调用 ReadFile_Query（）函数打开数据集，按序读取每一行数据，将 FlowID 作为关键字，调用 Query（）函数，同 Insert（）函数，Query（）函数会调用所有的 hash（）函数，进入每一个 hash（）内部后，先判断已调用的哈希函数个数是否超过设定的哈希函数个数，若超过直接退出，反之查看对应位的值，若为 0，修改 Flag＝0。查询完所有的位置后，判断 Flag 的值，若 Flag＝1，则该数据存在；若 Flag＝0，则该数据不存在。

9.3.3　算法设计

（1）标准 Bloom Filter
①建立标准 Bloom Filter

```
//实验中 Bloom Filter 的结构
typedef struct BloomFilter{
    unsigned int * dicthash;    //过滤器
    unsigned int BloomFilterBitCount; //过滤器大小
    int HashNumber;      //实际使用的哈希函数个数
}BloomFilter;

//初始化 Bloom Filter
int InitBF()
{
    printf("Please enter Bloom Filter size:");
    scanf("% d",&BF.BloomFilterBitCount);
    printf("Please enter the number of hash functions:");
    scanf("% d",&BF.HashNumber);
BF.dicthash = (unsigned int * )malloc(sizeof(unsigned int) * BF.BloomFilterBitCount/
16); //申请一块空间
    if(BF.dicthash!=NULL)
        printf("Successful!\n");
```

```
memset(BF.dicthash,0,BF.BloomFilterBitCount/16); //初始化为 0
return 0;
}
```

②插入

将要插入的关键字依次通过若干个哈希函数分别计算对应的哈希值,然后对这些值用位串长度取模,得到的就是在位串中对应的位,将值修改为1。BF 的插入流程如图 9.4 所示。

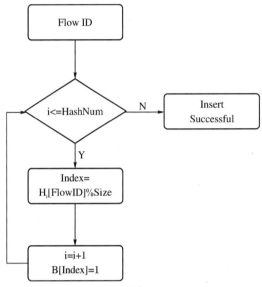

图9.4 BF 的插入流程图

③查询

当检索某个关键字时,使用与插入相同的若干个哈希函数运算,然后映射到位串中的对应位,如果位串中的对应位全部都是1,则说明关键字匹配成功,否则查找失败。BF 的查询流程如图 9.5 所示。

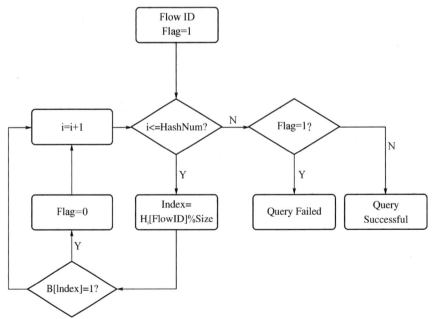

图9.5 BF 的查询流程

④实现

```
int Operation(int Index, unsigned int *dicthash, int command)
{
    if(command == 1)//插入
    {
        *(dicthash+Index)=1;
        //BF.dicthash[Index] = 1;
    }else{//command=0;查询
        if(*(dicthash+Index) == 1)
        return 1;
    }
    return 0;
}
```

(2) Count Bloom Filter

①创建 Count Bloom Filter

```
//实验中 Count Bloom Filter 结构
typedef struct DataCount{
    unsigned short Bit;
    int Count; //计数器
}DataCount;

typedef struct CountBloomFilter{
    DataCount * DictHash; //计数型布隆过滤器
    int CBF_Bit_Count; //过滤器大小
    int CBF_Hash_Num; //实际使用的哈希函数个数
}CountBloomFilter;

//初始化 Count Bloom Filter
int InitCBF()
{
    printf("Please enter Bloom Filter size:");
    scanf("% d",&CBF.CBF_Bit_Count);
    printf("Please enter the number of hash functions:");
    scanf("% d",&CBF.CBF_Hash_Num);
    GetHashFunctionNum(CBF.CBF_Hash_Num);
    CBF.DictHash = (DataCount * )malloc(CBF.CBF_Bit_Count *sizeof(DataCount)); //申请
空间
    if(CBF.DictHash)
        printf("Initializing successful!\n");
    else
        printf("Initialization failed!\n");
    for(int i=0; i<CBF.CBF_Bit_Count; i++)
    {
        CBF.DictHash[i].Bit=0;
        CBF.DictHash[i].Count=0;
    }
    return 0;
}
```

②插入

将要插入的关键字依次通过若干个哈希函数分别计算对应的哈希值,然后对这些值用

位串长度取模,得到的就是在位串中对应的位,将对应位的计数器值加 1。CBF 的插入流程
如图 9.6 所示。

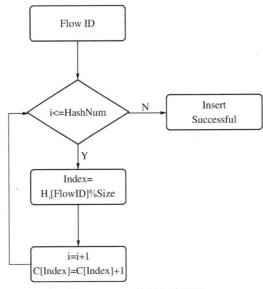

图 9.6　CBF 的插入流程图

③查询

当检索某个关键字时,使用与插入相同的若干个哈希函数运算,然后映射到位串中的对
应位,如果位串中的对应位的计数器值均大于 0,则说明关键字匹配成功,否则查找失败。
CBF 的查询流程如图 9.7 所示。

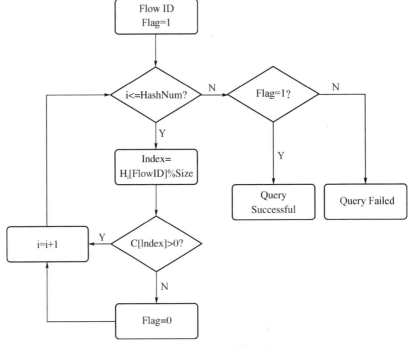

图 9.7　CBF 的查询流程图

④删除

将要删除的关键字依次通过若干个哈希函数分别计算对应的哈希值,然后对这些值用

位串长度取模,得到的就是在位串中对应的位,将对应位的计数器值减 1。CBF 的删除流程
如图 9.8 所示。

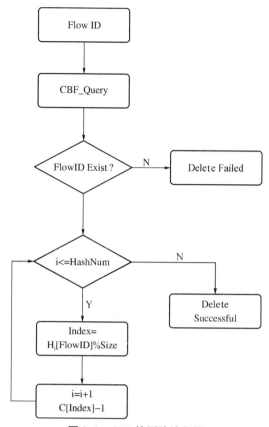

图 9.8　CBF 的删除流程图

⑤实现

```
int Operation(CountBloomFilter CBF, int Index ,int command)
{
    if (command == 1){ //插入
        CBF.DictHash[Index].Bit = 1;
        CBF.DictHash[Index].Count++;
                }else if(command == 2){//删除
                    int temp = --CBF.DictHash[Index].Count;
    if(temp == 0)
        CBF.DictHash[Index].Bit = 0;
                }else //查询
                    if(CBF.DictHash[Index].Bit == 1)
                    return CBF.DictHash[Index].Count;
    return 0;
}
```

（3）Adaptive Bloom Filter

①创建 Adaptive Bloom Filter

```
//实验中 Adaptive Bloom Filter 结构
typedef struct AdaptiveBloomFilter{
```

```
    unsigned short  * DictHash; //ABF
    int ABF_Bit_Count; //ABF 大小
    int ABF_Hash_Num; //使用的哈希函数个数
}AdBloomFilter;

//初始化 Adaptive Bloom Filter
int InitABF()
{
    printf("Please enter Bloom Filter size:");
    scanf("% d",&ABF.ABF_Bit_Count);
    printf("Please enter the number of hash functions:");
    scanf("% d",&ABF.ABF_Hash_Num);
    //GetHashFunctionNum(ABF.ABF_Hash_Num);
    ABF.DictHash = (unsigned int * ) malloc(ABF.ABF_Bit_Count/16 * sizeof(unsigned
int));
    if(ABF.DictHash)
        printf("Initializing successful! \n");
    else
        printf("Initialization failed! \n");
    memset(ABF.DictHash,0,ABF..ABF_Bit_Count/16);
    return 0;
}
```

②插入

BF 通常使用固定的 k 个散列函数，但 ABF 使用 $k+n+1$ 个独立的散列函数。在算法 1 中，检查位于 $h+k+n$ 的位是否被设置为 1，而增量为 n，位于 $h(k+n+1)$ 的位是否被设置为 1。ABF 的插入流程如图 9.9 所示。

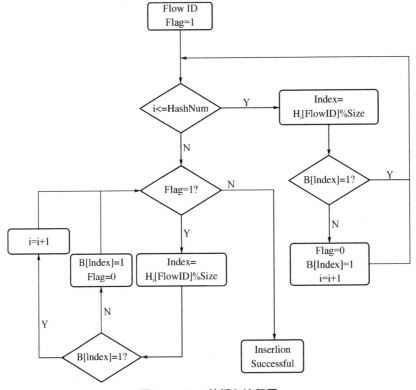

图 9.9　ABF 的插入流程图

③查询

我们首先检查 HK 是否全部设置为 1,此操作与 BF 相同。接下来,我们检查是否所有 $hk+n$ 都设置为 1。我们得到参数 n,这意味着位向量中附加哈希函数的数量设置与插入算法相同。ABF 的查询流程如图 9.10 所示。

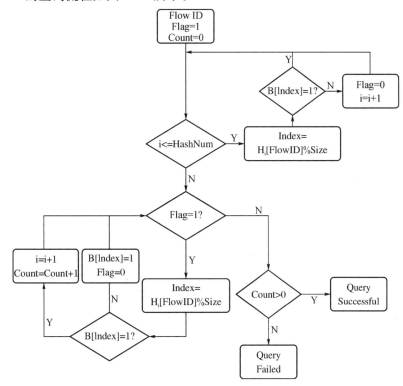

图 9.10 ABF 的查询流程图

④实现

```
int Operation(AdBloomFilter ABF, int HashNum, int Index ,int command)
{
    int temp = ABF.DictHash[Index];
    printf("Index:% d  HashNum:% d  Temp:% d\n",Index,HashNum,temp);
    if(command == 1){ //插入
        if(temp == 0){
            Flag = 0;
            ABF.DictHash[Index] = 1;
        }
        if(HashNum == HashFunctionNum && Flag == 1)
            //哈希函数个数等于初始 k 个,k 位值均为 1,计算 k+ 1 个散列值
            HashFunctionNum++ ;

            }else{//查询 command=0
                if(temp == 0)
        Flag = 0;
                if(Flag == 1 && HashNum == HashFunctionNum){
        Count++ ;
        HashFunctionNum++ ;
            }else
```

```
        return 0;
            }
            return 0;
}
```

9.4　实验案例

本次实验使用数据集 CICIDS2017 中的 Monday-WorkingHours. pcap_ISCX. csv 文件作为输入,其中共有约 50 万个数据包的信息。

9.4.1　标准 Bloom Filter

主程序:

```
int main()
{
    InitBF(); //初始化 Bloom Filter
    ReadFile_Insert("Insert_File"); //插入
    ReadFile_Query("Query_File");//查询
    Destory(); //销毁
    return 0;
}
```

(1) 插入

```
File Open Successful!!
Element insertion completed! 529920 pieces of data in total!
```

(2) 查询

```
Token: 192.168.10.5-8.254.250.126-49188-80-6
Element exists!!
Token: 192.168.10.14-8.253.185.121-49486-80-6
Element exists!!
Token: 192.168.10.3-192.168.10.9-88-1031-6
Element exists!!
Token: 192.168.10.3-192.168.10.9-389-1035-6
Element exists!!
Token: 192.168.10.9-69.31.33.224-1057-80-6
Element exists!!
Token: 192.168.10.9-69.31.33.224-1057-80-6
Element exists!!
Token: 192.168.10.3-192.168.10.9-49671-1029-6
Element exists!!
Token: 192.168.10.3-192.168.10.12-88-60488-6
Element exists!!
Token: 192.168.10.3-192.168.10.12-389-56552-6
Element exists!!
Token: 192.168.10.3-192.168.10.12-88-60494-6
Element exists!!
Element query completed!
```

9.4.2 Count Bloom Filter

主程序:

```
int main()
{
    InitCBF();
    ReadFile_Insert("Insert_File"); //插入大量元素
    ReadFile_Query("Query_File");//查询
    ReadFile_Delete("Delet_File");//删除一部分元素
    Destory();
    return 0;
}
```

(1) 插入

```
File Open Successful!!
Element insertion completed! 529920 pieces of data in total!
```

(2) 查询

```
Token: 192.168.10.9-69.31.33.224-1057-80-6
0,1753,34112,Element exists!
Token: 192.168.10.9-69.31.33.224-1057-80-6
0,1753,34112,Element exists!
Token: 192.168.10.3-192.168.10.9-49671-1029-6
0,1913,184832,Element exists!
Token: 192.168.10.3-192.168.10.12-88-60488-6
0,1862,346944,Element exists!
Token: 192.168.10.3-192.168.10.12-389-56552-6
320000,1911,445952,Element exists!
Token: 192.168.10.3-192.168.10.12-88-60494-6
0,1859,346944,Element exists!
Element query completed!
```

(3) 删除

```
Token: 192.168.10.12-91.189.95.83-48288-80-6

Token: 110.11.13.56-134.65.3.1-333-45-6

Token: 192.168.10.12-192.168.10.25-139-49164-6

Token: 8.123.6.4-8.124.0.1-0-0-0

Element deletion completed!
```

补充示例:

(1) 插入

192.168.10.5—8.254.250.126—49188—80—6、8.0.6.4—8.6.0.1—0—0—0、192.168.10.14—104.97.95.20—49478—443—6、192.168.10.17—204.2.134.163—123—123—17、192.168.10.12—91.189.95.83—48288—80—6、110.11.13.56—134.65.3.1—

$333-45-6$、$192.168.10.12-192.168.10.25-139-49164-6$、$8.123.6.4-8.124.0.1-0-0-0$

（本示例中，插入元素较少，布隆过滤器大小设置为 20，哈希函数个数 4 个）

插入前后布隆过滤器值：

0	:0	,0	0	:1	,10
1	:0	,0	1	:0	,0
2	:0	,0	2	:0	,0
3	:0	,0	3	:0	,0
4	:0	,0	4	:1	,4
5	:0	,0	5	:0	,0
6	:0	,0	6	:1	,1
7	:0	,0	7	:1	,2
8	:0	,0	8	:1	,2
9	:0	,0	9	:1	,1
10	:0	,0	10	:1	,1
11	:0	,0	11	:0	,0
12	:0	,0	12	:1	,1
13	:0	,0	13	:0	,0
14	:0	,0	14	:1	,1
15	:0	,0	15	:0	,0
16	:0	,0	16	:1	,1
17	:0	,0	17	:0	,0
18	:0	,0	18	:0	,0
19	:0	,0	19	:0	,0

（2）查询

查询 $192.168.10.5-8.254.250.126-49188-80-6$、$8.0.6.4-8.6.0.1-0-0-0$

$192.168.10.5-8.254.250.126-49188-80-6$ 经过哈希运算，在过滤器中对应的位为 0、14、0，对应值均为 1，查询成功。

$8.0.6.4-8.6.0.1-0-0-0$ 经过哈希运算，在过滤器中对应的位为 0、7、4，对应值均为 1，查询成功。

```
Token: 192.168.10.5-8.254.250.126-49188-80-6

0,14,0,Element exists!
Token: 8.0.6.4-8.6.0.1-0-0-0

0,7,4,Element exists!
```

（3）删除

删除元素 $8.123.6.4-8.124.0.1-0-0-0$

0	:1	,9
1	:0	,0
2	:0	,0
3	:0	,0
4	:1	,3
5	:0	,0
6	:0	,0
7	:1	,2
8	:1	,2
9	:1	,1
10	:1	,1
11	:0	,0
12	:1	,1
13	:0	,0
14	:1	,1
15	:0	,0
16	:1	,1
17	:0	,0
18	:0	,0
19	:0	,0

```
Token: 8.123.6.4-8.124.0.1-0-0-0

0,6,4,Element does not exist!
```

8.123.6.4—8.124.0.1—0—0—0 经过哈希运算，在过滤器中对应的位为 0、6、4，对应值不全为 1，查询失败。

9.4.3 Adaptive Bloom Filter

主程序：

```
int main()
{
    InitABF();
    //Print();
    ReadFile_Insert("Insert_File_Name"); //插入元素
    ReadFile_Query("Query_File_Name"); //查询元素
    Destory();
    return 0;
}
```

（1）插入

```
File Open Successful!!

Element insertion completed!529920 pieces of data in total!
```

（2）查询

```
Token:192.168.10.14-8.253.185.121-49486-80-6Element exists! Count:4

Token:192.168.10.3-192.168.10.9-88-1031-6Element exists! Count:2

Token:192.168.10.3-192.168.10.9-389-1035-6Element exists! Count:2

Token:192.168.10.9-69.31.33.224-1057-80-6Element exists! Count:2

Token:192.168.10.9-69.31.33.224-1057-80-6Element exists! Count:2

Token:192.168.10.3-192.168.10.9-49671-1029-6Element exists! Count:4

Token:192.168.10.3-192.168.10.12-88-60488-6Element exists! Count:3

Token:192.168.10.3-192.168.10.12-389-56552-6Element exists! Count:4

Token:192.168.10.3-192.168.10.12-88-60494-6Element exists! Count:7

Element query completed!
```

补充示例：

（1）插入

插入元素 192.168.10.12—192.168.10.25—139—49164—6

```
Token:192.168.10.12-192.168.10.25-139-49164-6
Index:0    HashNum:1   Temp:1
Index:967  HashNum:2   Temp:0
Index:368  HashNum:3   Temp:1
Index:61   HashNum:4   Temp:0
```

再次插入元素 192.168.10.12—192.168.10.25—139—49164—6

```
Token:192. 168. 10. 12-192. 168. 10. 25-139-49164-6
Index:0  HashNum:1  Temp:1
Index:967  HashNum:2  Temp:1
Index:368  HashNum:3  Temp:1
Index:61  HashNum:4  Temp:1
Index:363  HashNum:5  Temp:0
```

（2）查询

查询元素 192.168.10.12—192.168.10.25—139—49164—6

```
Token:192. 168. 10. 12-192. 168. 10. 25-139-49164-6
Index:0  HashNum:1  Temp:1
Index:967  HashNum:2  Temp:1
Index:368  HashNum:3  Temp:1
Index:61  HashNum:4  Temp:1
Index:363  HashNum:5  Temp:1
Index:615  HashNum:6  Temp:0
Element exists! Count:2
```

查询元素 110.11.13.56—134.65.3.1—333—45—6（不存在）

```
Token:110. 11. 13. 56-134. 65. 3. 1-333-45-6
Index:0  HashNum:1  Temp:1
Index:588  HashNum:2  Temp:0
Index:496  HashNum:3  Temp:0
Index:12  HashNum:4  Temp:1
Element does not exist!
```

10 Sketch 流量大小实验

10.1 实验目的

理解基于 Sketch 算法测量网络流量的大小,并在 Ubuntu 18.04 环境下,利用 C 语言编写程序,实现网络流量大小的测量。

10.2 实验基本原理

Count-Min Sketch[40] 是最广泛使用的 Sketch 方法,可被用于逐流测量[41-43],有更新和查询两步操作。Count-Min Sketch 是一个 $d \times w$ 的二维数组[44],d 和 w 的值由参数(ε, δ)决定,用于满足在 $1-\delta$ 的概率下,总误差小于 ε。从公式(10-1)中不难发现,要使误差越小,列越多,行越多,误差都会减小,这符合我们的直观感觉,当列数到流数时就是精确解。对于流测量,由于内存有限,所以只需满足一定的误差即可。

$$d = \left\lceil \ln\left(\frac{1}{\delta}\right) \right\rceil, w = \left\lceil \frac{e}{\varepsilon} \right\rceil \tag{10-1}$$

10.2.1 更新操作

二维数组的每个元素初始化为 0,用作计数器。当分组到达时,d 个相互独立的 Hash 函数将获得的五元组分别映射到不同行的不同位置并进行计数(即+1),直到到达一定的时间间隔停止计数。此时每一行存储这相应数据流的个数。

算法的描述如下:

算法　getCount

输入　网络流 I

输出　二维数组 Count

(1) 二维数组 Count 初始值为 0;

(2) for 每个数据包 p∈I;

(3) 获取 p 中的五元组 tuple;

(4) 使用 $Hash_0(tuple)$ 函数获得值 j_0,使 count[0][j_0]=count[0][j_0]+1;

(5) 使用 $Hash_1(tuple)$ 函数获得值 j_1,使 count[1][j_1]=count[0][j_1]+1;

(6) 使用 $Hash_2(tuple)$ 函数获得值 j_2,使 count[2][j_2]=count[0][j_2]+1;

(7) return Count。

10.2.2 查询操作

当进行流量查询时,根据要查询的五元组,利用 Hash 函数获得了 d 个数据,取 d 个数据的最小值作为查询的结果(即要查询的流的大小)。

算法的描述如下：

算法　searchCount

输入　数据流 S

输出　数据流的数据包个数 c；

(1) 获取数据流的五元组 tuple；

(2) 使用 $Hash_0(tuple)$ 函数获得值 j_0；

(3) 使用 $Hash_1(tuple)$ 函数获得值 j_1；

(4) 使用 $Hash_2(tuple)$ 函数获得值 j_2；

(5) $c = min(count[0][j_0], count[0][j_1], count[0][j_2])$；

(6) return c。

使用 Sketch 测量流量大小，哈希函数的选择非常重要，分别使用加法、乘法、位运算构造了 3 个哈希函数进行了实验。相应的哈希算法如下：

```
//加法哈希
int addHash(int tuple[]){
    int hash = 0;
    for(int i = 0; i < 5; ++i){
        hash += tuple[i];
    }
    return hash% 5;
}
//位运算哈希
int bitHash(int tuple[]) {
    int hash = 0;
    for (int i = 0; i < 5; ++i) {
        hash = (hash << 4) ^(hash >> 28) ^tuple[i];
    }
    return hash% 5;
}
//乘法哈希
int mulHash(int tuple[]) {
    int hash = 1;
    for (int i = 0; i < 5; ++ i) {
        hash *= tuple[i];
    }
    return hash% 5;
}
```

10. 3　实验步骤

我们用 C 语言编写一个基于 Sketch 算法的网络流量测量程序，主要步骤如下：

a：第一步：安装 Ubuntu 18.04。

b：第二步：安装必要的库 libpcap。

c：第三步：编写实时获取网络数据包的 C 模块(或编写解析 pcap 文件的 C 模块)。

网络数据包的捕获借助 libpcap 进行,主要过程如下:

(ⅰ)获取网卡设备;

(ⅱ)循环读取网络数据包并执行步骤(ⅲ)、(ⅳ);

(ⅲ)获取五元组;

(ⅳ)使用 Sketch 方法测量大小。

d:第四步:将获取的数据包解析出五元组(源地址、目的地址、源端口、目的端口、协议类型)并存到文件里。

e:第五步:使用 Count-Min Sketch 算法处理流量获得统计结果。

10. 4　实验案例

在本实验中,我们使用两台主机,一台主机用于发送网络流,一台主机用于接收并测量网络流。分别是安装了 Ubuntu 18.04 操作系统的主机,编程语言为 C。在实验的初期采用一组整数数据和简单的 Hash 函数进行模拟实验测量流量大小和准确率。实验拓扑如图 10.1 所示。

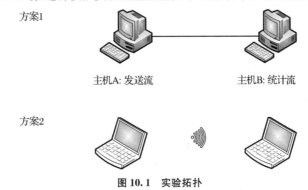

图 10.1　实验拓扑

解析 pcap 文件的 C 模块效果如图 10.2 所示。

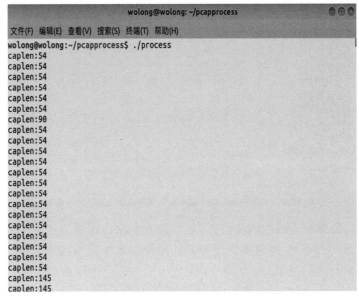

图 10.2　解析 pcap 文件的过程

将获取的数据包解析出五元组（源地址、目的地址、源端口、目的端口、协议类型）的效果如图 10.3 所示。

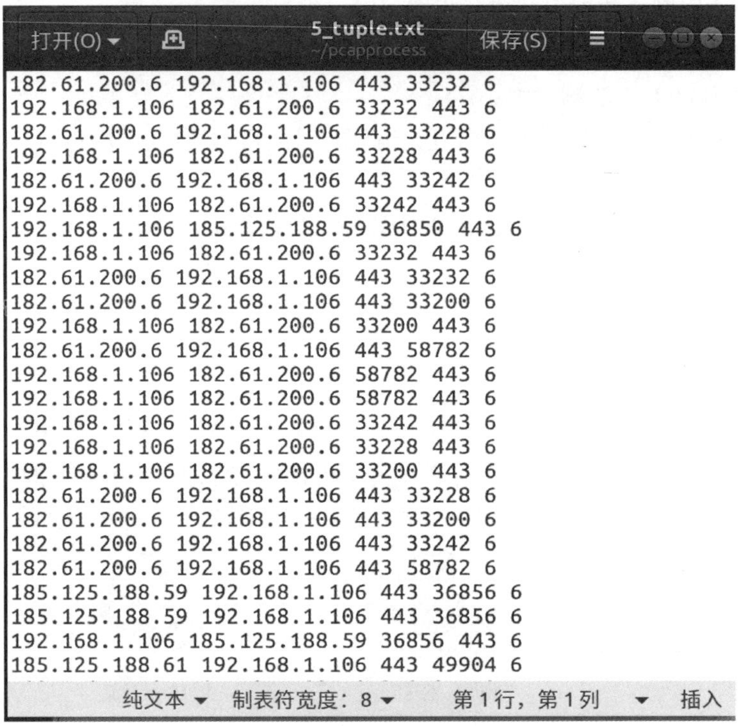

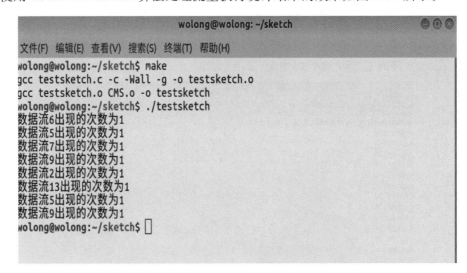

图 10.3　解析出五元组的过程

使用 Count-Min Sketch 算法处理流量获得统计结果的效果如图 10.4 所示。

图 10.4　基于 Count-Min Sketch 算法获得统计结果的效果

对于网络流的处理有不同的组流方案，如果按五元组组织网络流就是我们通常说的数据流。根据研究目的的不同，通常可采用不同的组流方案。在本次实验中，Hash 函数的设计和选择极大影响测量的结果，好的 Hash 函数将提高测量的准确性。同时行数和列数的选择也很重要，但在内存限制的前提条件下，只能选择满足一定准确率的行数和列数。

11 Top-k 流测量实验

测量 Top-k 大象流,是高速网络流量测量任务中一项基础且关键性的任务。所谓大象流一般是指流大小超过给定阈值的流,或者是在测量间隔中占总网络流量百分比达到特定值的流[45]。通常,高速链路上的网络流量被视为一组流序列,并且符合重尾分布模型:80%的网络流量由 20%的流量组成,其余 80%的流量仅占网络流量的 20%。换言之,大象流的测量可以很好地表示网络真实特性。

现有测量 Top-k 大象流方法主要依托于高速流量测量技术,即基于抽样方法或基于数据流方法。其中,基于抽样的 Top-k 大象流测量方法,通常是通过抽取部分有"代表性"的数据包,然后使用概率理论推算出网络总体流量的特征,最典型的应用是 Cisco 提出并使用的 Sampled NetFlow[46]方法;基于数据流方法的 Top-k 大象流测量方法,通常有 admit-all-count-some 策略和 count-all 策略。admit-all-count-some 策略通常是假设每一个新的输入流都是大象流,并剔除现有记录中最小的,为新输入的大象流腾出空间,例如 HeavyKeeper[47]、Frequent[48]、Efficient Counting[49]、Lossy Counting[50]、Space-Saving[51] 和 CSS[52]。count-all 策略主要基于 Sketch 方法(例如,Count-Min Sketch)来实现,测量原理主要依托于对整个计数空间的扫描以及对元素的排序,以响应 Top-k 查询。

本章共设置了两个实验,实验 1 用于构造实验数据集,实验 2 我们基于 Count-Min Sketch 来测量 Top-k 流。

11.1 实验 1:基于五元组信息构造实验数据集

11.1.1 实验目的

对于采集的流量(如 Wireshark、tcpdump 等工具)pcap 文件,首先进行分组解析。在现实测量环境中,对于不断到达的分组,测量算法将实时处理分组,将分组信息保存在缓存中,再进行逐包的处理。本实验旨在验证 Top-k 测量方法,因此,需要对采集的 pcap 文件进行处理。本实验选择的测度为五元组。

11.1.2 实验基本原理

基于现有第三方 pcap 处理组件和 Python 语言完成这一部分。以 pcap 文件为输入,二进制流文件为输出。

11.1.3 实验步骤

1) 整体流程

我们用 Python 语言编写一个基于 scapy 包的预处理程序,程序流程如图 11.1 所示,简要步骤如下：

  a. 根据需求抓取需要的 pcap 文件；

  b. 保存 pcap 文件，并作为程序输入；

  c. 读取五元组信息；

  d. 记录五元组信息；

  e. 将五元组信息规格化为 13 字节二进制序列；

  f. 写入文件，判断是否为最后一个分组，若是，转 g；若不是，转 d；

  g. 输出数据集文件。

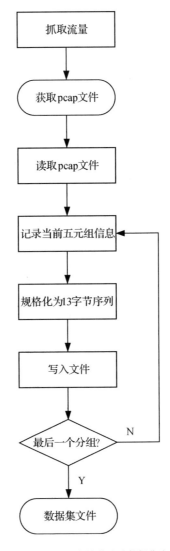

图 11.1　基于五元组信息构造实验数据集实验流程图

2）TCP 分组五元组获取

五元组的获取是利用 scapy 包中的 rdpcap 函数对分组进行操作。

```
from scapy. all import rdpcap
packets = rdpcap("test.pcap")
if "TCP" in packet and packet['TCP'].payload:
    src_ip = packet["IP"].src
    dst_ip = packet["IP"].dst
    src_port = packet["TCP"].sport
    dst_port = packet["TCP"].dport
    protocol = packet.proto
```

3) UDP 分组五元组获取

五元组的获取是利用 scapy 包中的 rdpcap 函数对分组进行操作。

```
from scapy. all import rdpcap
packets = rdpcap("test.pcap")
if "UDP" in packet and packet['UDP'].payload:
    src_ip = packet["IP"].src
    dst_ip = packet["IP"].dst
    src_port = packet["UDP"].sport
    dst_port = packet["UDP"].dport
    protocol = packet.proto
```

4) 13 字节二进制流规格化与写入

构造函数,使得点分十进制的 IP 地址转化为整数。

```
def to_int(ip_str):
    i = 0
    ip_int = 0
    for ip_part in ip_str.split('.')[::- 1]:
        ip_int = ip_int + int(ip_part) * 256 ** i
        i += 1
    return ip_int
```

使用 Python 的 stuck 包,构造 13 字节二进制流的生成函数。

```
import stuck
a = struct.pack('< I', to_int(src_ip))
b = struct.pack('< I', to_int(dst_ip))
c = struct.pack('< H', src_port)
d = struct.pack('< H', dst_port)
e = struct.pack('< B', protocol)
b13_for_packet = a + b + c + d + e
```

11.1.4　实验案例

在本实验中,我们在任意一台主机上抓取 1 000 万个分组的 pcap 文件。接着利用编好的程序读取该 pcap 文件,最后生成数据集 u1。

查看该文件大小,如图 11.2 所示:

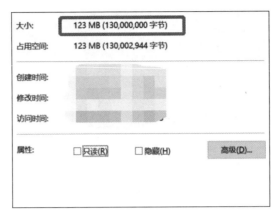

图 11.2　数据集大小

最终,得到的数据集文件,大小为 130 000 000,实际上,1 000 万个分组,每个分组占 13 字节,文件大小符合预期。

11.2　实验 2:基于 Count-Min Sketch 的 Top-k 大象流测量方法

11.2.1　实验目的

理解基于 Count-Min Sketch 的 Top-k 大象流识别方法,理解 count-all 策略精髓与原理,通过编写代码,实现这一功能,得到相应结果。

11.2.2　实验基本原理

Sketch 结构可以通过较小且紧凑的存储空间记录所有数据流的统计信息。如图 11.3 所示,以 d 行 w 列的 Count-Min Sketch 为例。当数据分组到达时,d 个不同的哈希函数分别将它们映射到每行的位置并进行更新操作;而查询时,则通过选取 d 个不同的计数器值中最小的值作为最终的测量结果。基于 Sketch 结构的方法不丢弃任何一个数据流的信息。在数据流不断流入的过程中,维护一个标准的 Count-Min Sketch 二维数组。根据公式 $d=$

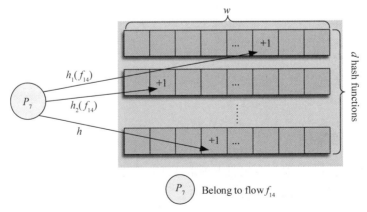

图 11.3　基于 Count-Min Sketch 的大象流分组映射过程

$\lceil \ln(1/\delta) \rceil$，来确定测量所需的 Hash 函数的个数，根据内存总大小来确定每个 Hash 函数拥有的计数器个数。

在数据包的存储过程中，遇到哈希冲突时的处理办法是将所有信息叠加到一起而不是选择丢弃。因此，随着大象流识别过程的进行，误差的累积会导致最终的测量结果偏离真实值。Sketch 结构的误差来源主要是数组元素的数据共享，由于哈希冲突的存在，Sketch 结构中的计数器可以由哈希值相同的多个流 ID 不同的数据流共享，容易使得老鼠流被判定为大象流。

当 Sketch 结构对当前流标签完成记录以后，还需要对当前流标签进行实时更新与记录。本部分功能基于最小堆结构实现。最小堆用于存储 Top-k 流的 ID 和大小，对于属于流 f_i 的每个传入数据包 P_l，首先将其插入 Sketch 结构中，假设 Sketch 结构 f_i 的大小报告为 $\hat{n}_i$，如果 f_i 已经在最小堆中，将其估计的流大小更新为 $\max(\hat{n}_i, \text{min\_heap}[f_i])$，其中 min_heap$[f_i]$ 是最小堆中 f_i 的记录大小。否则，如果 $\hat{n}_i$ 大于最小堆的根节点中的最小流大小，则将根节点从最小堆中删除，并将 f_i 插入到最小堆中。为了查询 Top-k 流，我们只需报告最小堆中的 k 个流及其估计的流大小。

11.2.3　实验步骤

1）整体流程

我们通过 C++语言编写一个基于 Count-Min Sketch 的 Top-k 大象流测量方法，实验流程图如图 11.4 和图 11.5 所示。简要步骤如下：

a. 初始化情况下，Sketch 中计数器全部为 0。每次从数据流来一个元素，如果不存在，则插入，计数器置为 1；如果在 Sketch 里已存在，则把对应的计数器增 1；

b. 在记录模块中查找该元素，如果找到，把记录模块里的计数器也增 1，并调整记录模块中的堆；

c. 如果没有找到，把这个元素与记录模块中最小元素的出现次数进行比较；

d. 如果大于记录模块中最小元素的出现次数，则把记录模块中最小元素替换为该元素，并调整记录模块，否则不执行处理；

e. 插入这个流标签，并更新计数；

f. 反复执行上述步骤，直到测量结束。

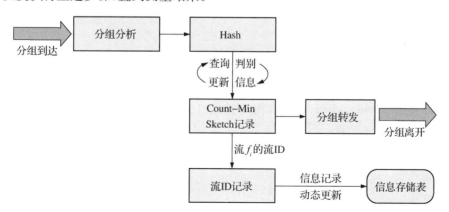

图 11.4　基于 Count-Min Sketch 的 top-k 大象流测量方法实验流程图

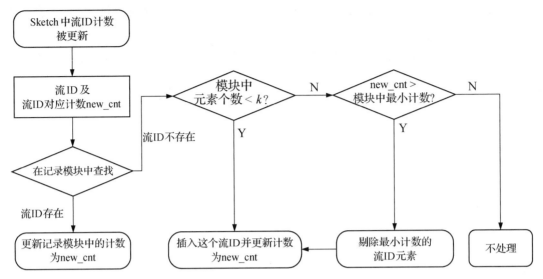

图 11.5　流标签记录算法实验流程图

2）指定数据大小

为了避免溢出和无限制的测量情况，需要设置初始化环境参数，包括最大流数、最大流标签记录模块内存大小、Count－Min Sketch 大小等。

```
# define N 33000000   // maximum flow
# define M 10000000   // maximum size of stream-summaryq
# define MAX_MEM 1000000 // maximum memory size
# define CMS_d 4// Count-Min Sketch 的 d 大小
```

3）读取 13 字节二进制流格式的数据集文件

我们通过函数 ifstream fin()读取二进制流文件 u1。

```
ifstream fin("M:\\u1",ios::in|ios::binary);
char a[105];
string Read()
{
    fin. read(a,13);
    a[13]='\0';
    //string tmp=a;
    return a;
}
```

4）构造五元组输出函数

借助 memcpy()和 sprintf()函数，构造五元组输出函数，以便在测量结束后，输出流的五元组、分组数等相关信息。

```
void str2info(string x) {
    unsigned char info[13] = { 0 };
    memcpy(info, x. c_str(), x. length());

    char src_ip[20] = { 0 };
```

```
    sprintf(src_ip, "%u.%u.%u.%u", info[3], info[2], info[1], info[0]);

    char dst_ip[20] = { 0 };
    sprintf(dst_ip, "%u.%u.%u.%u", info[7], info[6], info[5], info[4]);

    char src_port[10] = { 0 };
    sprintf(src_port, "%u", (info[9] << 8) + info[8]);

    char dst_port[10] = { 0 };
    sprintf(dst_port, "%u", (info[11] << 8) + info[10]);

    printf("%-16s|%-16s|%-8s|%-8s|%-6u| ", src_ip, dst_ip, src_port, dst_port,
info[12]);
}
```

5) Count-Min Sketch 头文件构造

构造 Count-Min Sketch 数据结构。

```
public:
    MyCountMinSketch(int M2, int K) :M2(M2), K(K)
    {
        ss = new ssummary(K); ss->clear();
        bobhash = new BOBHash64(1005);
    }
```

计算 Hash：

```
# include "BOBHASH64.h"
unsigned long long Hash(string ST)
{
    return (bobhash->run(ST.c_str(), ST.size()));
}
```

插入操作。

```
void Insert(string x)
    {
        unsigned long long H = Hash(x);

        int min = 0xfffffff;

        for (int j = 0; j < CMS_d; j++)
        {
            int Hsh = H % (M2 - (2 * CMS_d) + 2 * j + 3);          // TODO: maybe should
change this hash alg, but I don't know how to change
            data[j][Hsh] ++ ;
            if (data[j][Hsh] < min) {
                min = data[j][Hsh];
            }
        }

        int p = ss->find(x);
```

```
        // old flow that has been logged
        if (p) {
            int tmp = ss->Left[ss->sum[p]];
            ss->cut(p);
            if (ss->head[ss->sum[p]]) tmp = ss->sum[p];
            ss->sum[p] = min;
            ss->link(p, tmp);
        }
        // new flow
        else {
            if (min > (ss->getmin()) || ss->tot < K) {
                int i = ss->getid();
                ss->add2(ss->location(x), i);
                ss->str[i] = x;
                ss->sum[i] = min;
                ss->link(i, 0);
                while (ss->tot > K)
                {
                    int t = ss->Right[0];
                    int tmp = ss->head[t];
                    ss->cut(ss->head[t]);
                    ss->recycling(tmp);
                }
            }
        }
    }
```

计数器设计:

```
void work()
    {
        int CNT = 0;
        for (int i = N; i; i = ss->Left[i])
            for (int j = ss->head[i]; j; j = ss->Next[j]) {
                q[CNT].x = ss->str[j];
                q[CNT].y = ss->sum[j];
                CNT++ ;
            }
        sort(q, q + CNT, cmp);
    }

    pair<string, int> Query(int k)
    {
        return make_pair(q[k].x, q[k].y);
    }
}
```

6) 流标签记录算法设计

此处使用 ssummary 数据结构来实现,其原理与最小堆原理相同,可实现 $O(1)$ 的算法复杂度。

清除操作:

```
void clear()
{
    memset(sum,0,sizeof(sum));
    memset(last,0,sizeof(Next));
    memset(Next2,0,sizeof(Next2));
    rep(i,0,N)head[i]=Left[i]=Right[i]=0;
    /* rep(i,0,len2-1)head2[0]=0; */
    rep(i,0,len2-1)head2[i]=0;
    tot=0;
    rep(i,1,M+2)ID[i]=i;
    num=M+2;
    Right[0]=N;
    Left[N]=0;
}
```

查找操作：

```
int find(string s)
{
    for(int i=head2[location(s)];i;i=Next2[i])
        if(str[i]==s)return i;
    return 0;
}
```

对头部的操作：

```
void linkhead(int i,int j)
{
    Left[i]=j;
    Right[i]=Right[j];
    Right[j]=i;
    Left[Right[i]]=i;
}
void cuthead(int i)
{
    int t1=Left[i],t2=Right[i];
    Right[t1]=t2;
    Left[t2]=t1;
}
int getmin()
{
    if (tot<K) return 0;
    if(Right[0]==N)return 1;
    return Right[0];
}
```

11.2.4 实验案例

我们使用实验 1 生成的数据集 u1 作为输入，输入 MEM(KB)＝50、Top：100、Packets（×1W）：10，利用 50 KB 的内存，在 10 万个分组中，查找 Top-100 的流信息。

输出结果如图 11.6 所示，能够输出测量的精准度、Top-*k* 流的五元组相关信息，即可视为实验成功,取得了应有的测量结果。

```
CM-Sketch:
源IP            | 目的IP          | 源端口  | 目的端口  | 协议号  | 真实值  |
193.155.167.73 | 82.115.215.251 | 47873  | 7084    | 6      | 4817   |
193.155.167.73 | 82.115.215.251 | 47873  | 426     | 6      | 2733   |
133.47.230.75  | 149.155.5.64   | 0      | 0       | 0      | 1458   |
147.161.225.218| 36.215.246.116 | 47873  | 50922   | 6      | 1340   |
242.54.247.116 | 31.215.246.116 | 0      | 0       | 0      | 1230   |
233.139.183.251| 60.215.246.116 | 0      | 0       | 0      | 831    |
162.69.200.140 | 64.155.5.64    | 0      | 0       | 0      | 786    |
17.59.135.52   | 66.155.5.64    | 0      | 0       | 0      | 711    |
66.57.115.196  | 183.155.5.64   | 47873  | 65155   | 6      | 673    |
138.129.47.56  | 190.155.5.64   | 47873  | 32186   | 6      | 652    |
254.69.200.140 | 149.155.5.64   | 47873  | 43207   | 6      | 652    |
173.132.53.104 | 15.215.246.116 | 47873  | 47772   | 6      | 640    |
207.179.40.34  | 180.155.5.64   | 47873  | 62442   | 6      | 608    |
212.140.181.208| 128.171.79.135 | 0      | 0       | 0      | 587    |
41.201.214.135 | 214.22.30.202  | 0      | 0       | 0      | 564    |
11.81.88.196   | 174.155.5.64   | 0      | 0       | 0      | 466    |
253.179.40.34  | 148.155.5.64   | 47873  | 57571   | 6      | 392    |
37.201.214.135 | 203.248.29.202 | 0      | 0       | 0      | 384    |

                           ......

113.43.181.137 | 177.70.64.212  | 0      | 0       | 0      | 113    |
98.160.142.119 | 219.154.177.215| 47873  | 63191   | 6      | 110    |
97.131.222.75  | 57.215.246.116 | 0      | 0       | 0      | 108    |
100.25.202.197 | 194.160.31.202 | 47873  | 25340   | 6      | 107    |
1.177.27.73    | 99.73.42.237   | 47873  | 18983   | 6      | 105    |
178.132.21.131 | 181.155.5.64   | 0      | 0       | 0      | 105    |
149.211.183.141| 84.123.29.202  | 0      | 0       | 0      | 104    |
147.207.169.140| 134.155.5.64   | 47873  | 6593    | 6      | 104    |
155.214.63.210 | 175.155.5.64   | 0      | 0       | 0      | 103    |
211.52.101.124 | 152.171.79.135 | 47873  | 36315   | 6      | 103    |
81.211.183.141 | 129.145.196.251| 47873  | 49809   | 6      | 102    |
137.241.133.122| 247.130.1.207  | 47873  | 43027   | 6      | 101    |


CountMin-Sketch:
Accepted: 97/100   0.9700000000
ARE: 0.0290569665
AAE: 5.1400000000
```

图 11.6　基于 Count-Min Sketch 的 Top-k 大象流测量实验结果示意图

11.3　附录源码

11.3.1　实验 1

```
from scapy.all import rdpcap
import struct

def to_int(ip_str):
    i = 0
    ip_int = 0
    for ip_part in ip_str.split('.')[::-1]:
```

```python
            ip_int = ip_int + int(ip_part) * 256 ** i
            i += 1
    return ip_int

packets = rdpcap("test.pcap")

with open('u1', 'wb') as f:
    for packet in packets:
        if "TCP" in packet and packet['TCP'].payload:
            src_ip = packet["IP"].src
            dst_ip = packet["IP"].dst
            src_port = packet["TCP"].sport
            dst_port = packet["TCP"].dport
            protocol = packet.proto
        elif "UDP" in packet and packet['UDP'].payload:
            src_ip = packet["IP"].src
            dst_ip = packet["IP"].dst
            src_port = packet["UDP"].sport
            dst_port = packet["UDP"].dport
            protocol = packet.proto

        a = struct.pack('<I', to_int(src_ip))
        b = struct.pack('<I', to_int(dst_ip))
        c = struct.pack('<H', src_port)
        d = struct.pack('<H', dst_port)
        e = struct.pack('<B', protocol)
        b13_for_packet = a + b + c + d + e

        f.write(b13_for_packet)
```

11.3.2 实验 2

params.h：

```c
# ifndef _PARAMS_H
# define _PARAMS_H

# define N 33000000   // maximum flow
# define M 10000000   // maximum size of stream-summary
# define MAX_MEM 1000000 // maximum memory size
# define CMS_d 4 // d size of Count-Min Sketch

# endif // _PARAMS_H
```

countminsketch.h：

```c
# ifndef _MyCountMinSketch_H
# define _MyCountMinSketch_H
# include < cmath>
# include < cstdio>
# include < cstdlib>
# include < iostream>
```

```cpp
# include < algorithm>
# include < string>
# include < cstring>
# include "BOBHASH32. h"
# include "params. h"
# include "ssummary. h"
# include "BOBHASH64. h"
# include< queue>

# define CMS_d 4

using namespace std;


class MyCountMinSketch
{
private:
    int K, M2;
    BOBHash64 * bobhash;
    ssummary * ss;
    int data[CMS_d][MAX_MEM + 10] = { 0 };


public:
    MyCountMinSketch(int M2, int K) :M2(M2), K(K)
    {
        ss = new ssummary(K); ss->clear();
        bobhash = new BOBHash64(1005);
    }

    void clear()
    {
        ;
    }

    unsigned long long Hash(string ST)
    {
        return (bobhash->run(ST. c_str(), ST. size()));
    }

    void Insert(string x)
    {
        unsigned long long H = Hash(x);

        int min = 0xffffffff;

        for (int j = 0; j < CMS_d; j++)
        {
            int Hsh = H % (M2 - (2 * CMS_d) + 2 * j + 3);    // TODO:maybe should
change this hash alg, but I don't know how to change
            data[j][Hsh] ++;
            if (data[j][Hsh] < min) {
                min = data[j][Hsh];
```

```
            }
        }

        int p = ss->find(x);
        //old flow that has been logged
        if (p) {
            int tmp = ss->Left[ss->sum[p]];
            ss->cut(p);
            if (ss->head[ss->sum[p]]) tmp = ss->sum[p];
            ss->sum[p] = min;
            ss->link(p, tmp);
        }
        // new flow
        else {
            if (min > (ss->getmin()) || ss->tot < K) {
                int i = ss->getid();
                ss->add2(ss->location(x), i);
                ss->str[i] = x;
                ss->sum[i] = min;
                ss->link(i, 0);
                while (ss->tot > K)
                {
                    int t = ss->Right[0];
                    int tmp = ss->head[t];
                    ss->cut(ss->head[t]);
                    ss->recycling(tmp);
                }
            }
        }
    }

    struct Node { string x; int y; } q[MAX_MEM + 10];
    static int cmp(Node i, Node j) { return i.y > j.y; }

    void work()
    {
        int CNT = 0;
        for (int i = N; i; i = ss->Left[i])
            for (int j = ss->head[i]; j; j = ss->Next[j]) {
                q[CNT].x = ss->str[j];
                q[CNT].y = ss->sum[j];
                CNT++ ;
            }
        sort(q, q + CNT, cmp);
    }

    pair<string, int>Query(int k)
    {
        return make_pair(q[k].x, q[k].y);
    }
};
# endif
```

12 流量分类方法实验

流量分类[53]是指通过分析用户流量数据,对流量所属的网络应用和业务类型进行精确化分类。网络流量分类技术作为网络管理、流量工程以及安全检测等研究课题的基础,其研究具有重要的实用价值。随着网络协议私密化和网络流量加密化,很多传统的流量分类技术难以适用于现今的流量识别场景,而人工智能技术的兴起为流量分类提供了新的方向。因此本章将会从机器学习和深度学习两个方面对流量分类展开介绍。

本章共设置了两个实验用于实现流量分类。其中,实验 1 使用了经典的机器学习算法——随机森林,利用已标记的数据进行模型训练,完成流量分类任务;实验 2 则使用了深度学习算法从原始数据中自动提取并组合底层特征,实现流量分类。

12.1 实验 1:使用机器学习算法进行流量分类

12.1.1 实验目的

理解随机森林方法,并在公开数据集 Moore[54] 上进行流量分类实验,识别流量的应用类型,实现较高的分类精度。

12.1.2 实验基本原理

1) 基于机器学习的流量分类方法

由于不同类型的应用产生的流量具有不同的特征,因此可以作为区分依据。基于统计流量的识别方法通常由研究者决定提取何种特征数据,然后选定机器学习模型进行训练,实现流量识别和分类。

根据训练数据是否为已知分类的数据(即是否含标签),机器学习方法可以分为有监督学习和无监督学习两类[55]。在有监督学习中,训练数据含有标签,分类结果的种类也是已知的,这种方式训练出的模型具有很高的准确性。在无监督学习中,训练数据不含标签,模型根据数据本身的特性将其分为若干分组,流量分类任务也随之完成,这种方式的优势是可以发现未知流量,这在网络安全领域具有很重要的作用。

使用机器学习的网络流量分类方法的性能不仅取决于选择的机器学习模型以及模型的参数配置,流量数据的特征同样也对性能具有重要影响。一般的流量特征可以分为两类:一类是网络流特征,即通信双方一次通信的所有数据包体现的特征,例如网络流持续的时间、网络流的总字节数、数据包的平均字节数等。另一类是数据包特征,即每一个数据包体现出的特征,例如网络流中前面若干个数据包的通信方向以及包间隔时间等。为了得到所需的特征数据,我们需要对原始流量进行一系列的预处理。

基于机器学习的流量分类方法具有两个重要优势。一是轻量级,相比基于深层包检测的方法,这种方法不用逐字节检查数据包载荷,因此其计算复杂度相对较低。二是可以应用于加密流量,由于只会用到特征数据,不会去根据载荷内容匹配流量指纹。然而该方法也存在一些局限。首先该方法需要专门的特征设计。迄今为止,研究者们提出了很多流量特征,针对不同领域的流量分类问题,不同特征的有效性各不相同。因此,特征设计是基于机器学习的网络流量分类方法的一个主要问题。其次是分类准确性往往不如深层包检测方法。无监督的方法通常存在较高的误报率,在一些特定问题上会影响其实际应用效果。

2)随机森林算法[56]

随机森林(Random Forest,RF)是集成学习思想下的产物,将许多棵决策树整合成森林,用来预测最终结果。集成学习(Ensemble)思想是为了解决单个模型或者某一组参数的模型所固有的缺陷,从而整合更多的模型,避免局限性。随机森林属于有监督学习,通常用来做分类预测,其输出的类别由每个树输出类别的众数决定。从市场营销到医疗保健保险,再到用户画像和广告推荐算法,随机森林发挥着重要的作用。

随机森林首先用 bootstrap 方法自助生成 m 个训练集,每个训练集可以构造一颗决策树。因此,随机森林里面有很多决策树,每一棵决策树之间不存在关联性。当有一个新的输入样本进入的时候,就让森林中的每一棵决策树分别进行预测,得到该样本的类别预测结果。最终,森林中所有树的预测结果中哪一类最多,就作为最终预测结果。随机森林既可以处理离散型变量,也可以处理连续型变量。

相比于其他机器学习算法,随机森林有以下优点:

(1)引入了样本和特征两个随机性因素,相比其他机器学习算法而言,随机森林不容易陷入过拟合的情况;

(2)随机森林抗噪能力强,在缺失值比较多或者噪音比较大的数据集仍然能有良好的表现;

(3)能够处理高维度数据;

(4)随机森林对数据集的适应能力强,既能处理离散型数据,也能处理连续型数据;

(5)训练速度比较快;

(6)对于不平衡的数据集,随机森林能够平衡误差。

3)公开数据集 Moore

剑桥大学计算机系 Moore 教授的流量分类实验室提供了 10 个流量分类数据集(本章称为 Moore_set)是目前流量分类问题中最为权威的测试数据集。Moore_set 数据集收集了剑桥大学某生物研究院大约 1 000 多人的网络流量数据包,采集过程分十次进行,每次持续时间约为半个小时,每一个数据集均包含数万条数据,这些数据集中的每一个样本都是从一条完整的 TCP 双向流抽象而来,总计 377 526 条完整的 TCP 数据流。

为了获得更多的网络流统计数据,Moore 只使用了流量中的有完整三次握手开始且有FIN 结束标记的 TCP 数据包,每个样本包含 249 项特征,其中最后一项特征为分类目标,表明该样本的流量类型,即其来自的网络应用类别,各种网络应用类别的名称和简写如表 12.1所示。

表 12.1 各种网络应用类别名所对应的简写

应用名	简写	应用名	简写	应用名	简写	应用名	简写
WWW	WWW	Attack	Atta	Ftp-Control	FtpC	DataBase	Data
Mail	Mail	Services	Serv	Ftp-Pasv	FtpP	Interactive	Itra
P2P	P2P	Games	Game	Ftp-Data	FtpD	MultiMedia	MMed

Moore_set 的 10 个数据子集分别称为 Set 01 到 Set 10,数据样本中不同类型的流量条数统计如表 12.2 所示。

表 12.2 Moore_set 各子集的样本数量

Type	WWW	Mail	FtpC	FtpP	Atta	P2P	Data	FtpD	Serv	Itra	MMed	Game	Total
Set 01	18 211	4 146	149	43	122	339	238	1 319	206	3	87	0	24 863
Set 02	18 559	2 726	100	344	19	94	329	1 257	220	2	150	1	23 801
Set 03	18 065	1 448	1 861	125	41	100	206	750	200	0	136	0	22 932
Set 04	19 641	1 429	94	22	324	114	8	484	113	2	54	0	22 285
Set 05	18 618	1 651	500	180	122	75	0	248	38	0	38	0	21 648
Set 06	16 892	1 618	48	109	134	94	0	364	42	1	82	0	19 384
Set 07	51 982	2 771	83	94	89	116	36	307	293	25	36	3	55 835
Set 08	51 695	2 508	63	102	129	289	43	386	220	26	33	0	55 494
Set 09	59 993	3 678	75	1 412	367	249	15	90	337	29	0	3	66 248
Set 10	54 436	6 592	81	257	446	624	1 773	592	212	22	0	1	65 036

12.1.3 实验步骤

详细步骤如图 12.1 所示,首先对 Moore 数据集进行数据预处理,得到格式统一的数据,然后根据数据集生成训练集和测试集,接着搭建随机森林模型,训练第一个随机森林模型 RF_1 进行特征筛选,得到重要性排名靠前的 20 个特征,在训练集和样本集中抽取对应的 20 个特征维度数据,重新训练随机森林模型 RF_2 用于预测,最终输出流量的分类结果。

图 12.1 使用机器学习算法进行流量分类的实验步骤

1) 数据预处理

由于网络上的公开数据集 Moore_set 部分数据存在格式不正常的情况,此时没办法输入到机器学习模型中进行训练,因此首先需要对数据进行预处理。

(1) 将字符"Y"和"N"数值化,分别转为"1"和"0"。

代码如下:

```
i = i. replace('Y','1')
i = i. replace('N', '0')
```

（2）去除换行符'\n'。

代码如下：

```
i = i. replace('\n', '')
```

（3）使用均值填充，添加高斯白噪声，将样本特征集扩充到 256 维度，方便模型训练。

代码如下：

```
fz = [float(f) for f in i. split(',')[:-1] if f != '? ']
meana = sum(fz) /len(fz)
i = i. replace('? ', str(0))
#均值填充，加高斯白噪声
x = [float(j) for j in i. split(',')[:- 1]] + [meana] * 8 + np. random. normal(0,1,256)
```

（4）替换标签的错误拼写。

代码如下：

```
y = i. split(',')[-1]. replace('FTP-CO0TROL','FTP-CONTROL')
y = y. replace('I0TERACTIVE','INTERACTIVE' )
```

（5）生成标签 y，并将处理好的样本和标签加入处理完毕的数据集中。

代码如下：

```
y = list_y. index(y)
X. append(x)
Y. append(y)
```

2）生成训练集和测试集

（1）在完成数据的预处理后，需要生成随机森林模型所需要的训练集和测试集。首先使用自定义函数 data_preprocess 对公开数据集 Moore_set01～10 进行处理，从 arff 文件读取数据，将样本数据和对应的标签转为 list。

代码如下：

```
# 数据标准化
# 数据预处理，返回处理好的数据和标签
total_x,total_y = data_preprocess([
'entry01. weka. allclass. arff','entry02. weka. allclass. arff',
'entry03. weka. allclass. arff','entry04. weka. allclass. arff',
'entry05. weka. allclass. arff','entry09. weka. allclass. arff',
'entry10. weka. allclass. arff','entry07. weka. allclass. arff',
'entry08. weka. allclass. arff','entry06. weka. allclass. arff'])
```

（2）使用内置函数 train_test_split 将所有数据按照 3∶1 进行划分，得到相应的训练集和测试集。

代码如下：

```
train_x, test_x, train_y, test_y = train_test_split(total_x, total_y, test_size=0.25,
random_state=0)
```

（3）为了方便使用 keras 框架训练模型，使用函数 tf.convert_to_tensor，将数据转为
tensor 类型。

代码如下：

```
# 使用 convert_to_tensor 将数据转为 tensor 类型
train_x = tf.convert_to_tensor(train_x, dtype=tf.float64)
train_y= tf.convert_to_tensor(train_y, dtype=tf.int64)
test_x = tf.convert_to_tensor(test_x, dtype=tf.float64)
test_y = tf.convert_to_tensor(test_y, dtype=tf.int64)
```

（4）最后，需要使用函数 tf.keras.utils.normalize 将训练集和测试集样本规范化处理。

代码如下：

```
train_x = tf.keras.utils.normalize(train_x, axis=1)
test_x = tf.keras.utils.normalize(test_x, axis=1)
```

3）特征缩减

由于 Moore_set 的数据中过多的流量特征不仅给采集获取带来了较大的难度，也大大
增加了使用机器学习算法完成流量分类时的计算开销；另一方面，流量分类的精度并非与流
量特征的数量成正比，过多的特征甚至有可能干扰分类器，降低分类准确率。因此，有必要
对网络流量的特征进行精简，以缓解上述问题。

（1）首先使用数据预处理之后的训练集训练一个随机森林模型 rf1。

代码如下：

```
def RandomForest(trainData, trainLabel, testData, testLabel):
    t1 = time.time()
    model = RandomForestClassifier(random_state=0)
    model.fit(trainData, trainLabel)
    predicted = model.predict(testData)
    score = metrics.accuracy_score(testLabel, predicted)
    t2 = time.time()
    print(t2-t1, score)
    print('The Accuracy of RF Classifier is:', model.score(testData, testLabel))
    return model

rf1 = RandomForest(train_x, train_y, test_x, test_y)
```

（2）得到模型 rf1 之后，我们可以通过 feature_importances_ 字段查看特征的重要性。
在这里，本章将特征重要性字段转换为 DataFrame 格式，然后按照重要性分数的高低进行排
序，选择排名靠前的 20 个特征，通过 tf.gather() 函数分别抽取训练集和测试集的 20 个特
征维度数据，得到 train_x_reduced 和 test_x_reduced 作为新的训练集和测试集样本。

代码如下：

```
df = pd.DataFrame(rf1.feature_importances_, columns=['importance'])
# 将特征重要性转成 DataFrame 数据
```

```
sorted_df = df.sort_values(by='importance', axis=0, ascending=False)
# 对特征重要性作降序排列
index = sorted_df[:20].index
# 取出重要性高的前 20 个特征值的索引
train_x_reduced = tf.gather(train_x, index, axis=1)
# 重要性高的 20 个特征组成的新训练集样本
test_x_reduced = tf.gather(test_x, index, axis=1)
# 重要性高的 20 个特征组成的新测试集样本
```

4）模型训练和测试

在完成特征提取之后,我们可以使用新的训练集重新训练随机森林模型,并且在新的测试集上重新评估模型。可以发现,在进行特征筛选之后,模型训练的速度得到了明显提升,从原本的 873 s 缩短至 188 s,并且分类的精确度也有进一步提升。

代码如下:

```
rf2 = RandomForest(train_x_reduced, train_y, test_x_reduced, test_y)
```

5）绘制混淆矩阵

为了更直观地展示真实标签与预测标签的差距,这里使用了混淆矩阵。混淆矩阵将真实值与预测值匹配以及不匹配的项一起放入矩阵中,可以清楚地反映出真实值和预测值相同和不相同的地方。

代码如下:

```
# 绘制混淆矩阵
def plot_confusion_matrix(title, pred_y):
    cm = confusion_matrix(test_y, np.argmax(pred_y, 1))
    labels_name = list_y
    cm = cm.astype('float') /cm.sum(axis=1)[:, np.newaxis]     # 归一化
    plt.imshow(cm, interpolation='nearest')     # 在特定的窗口上显示图像
    plt.title(title)      # 图像标题
    plt.colorbar()
    num_local = np.array(range(len(labels_name)))
    plt.xticks(num_local, labels_name, rotation= 90)     # 将标签印在 x 轴坐标上
    plt.yticks(num_local, labels_name)      # 将标签印在 y 轴坐标上
    plt.ylabel('True')
    plt.xlabel('Predicted')
    plt.show()
```

图 12.2 和图 12.3 分别是随机森林模型在原始数据集和经过特征缩减后的数据集上的混淆矩阵。

从图中可以看出,绝大部分的流量都能被正确分类,预测标签和真实标签一致,只有少部分流量可能被错误分类,比如 INTERACTIVE 和 GAMES,结合表 12.2 可以推测,原因可能是这两种流量相比于其他流量较少,容易造成误判。

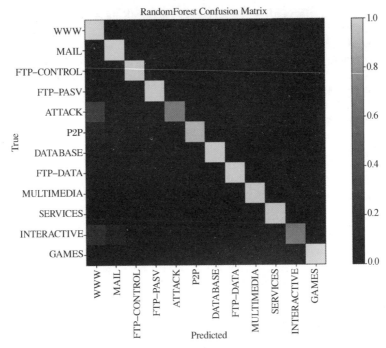

图 12.2   随机森林模型在原始数据集下的混淆矩阵

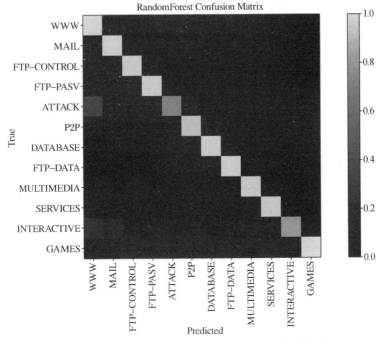

图 12.3   随机森林模型在特征缩减后的数据集上的混淆矩阵

12.1.4   实验案例

（1）使用原始数据集训练随机森林模型，然后使用训练得到的分类器在测试集上得到的精度和训练时间如图 12.4 所示：

```
time: 873.3287518024445
Accuracy: 0.9968917553811485
```

图 12.4 随机森林模型在原始数据集上的训练时间和精度

（2）计算在原始数据集下训练得到的随机森林模型的特征重要性，将其降序，选择前 20 个特征从原始数据集中抽取出来，作为新数据集的特征集。重新训练一个随机森林模型，训练出的分类器在测试集上得到的精度和训练时间如图 12.5 所示，不难看出，运行时间随着特征维度的减少有了明显降低，并且分类精度相较于之前也有了一定的提高。

```
time: 188.81779980659485
Accuracy: 0.9971692772221173
```

图 12.5 随机森林模型在特征缩减后的数据集上的训练时间和精度

12.2 实验 2:使用深度学习算法进行流量分类

12.2.1 实验目的

通过实验 1 我们已经掌握了如何完成流量的分类，构建随机森林模型对公开数据集 Moore 进行流量分类，分类的精度能达到 99.7%。为了加强对流量分类的认识，我们将进一步介绍如何使用经典的深度学习算法识别流量的应用类型，该实验仍然能够保持较高的分类准确率。

12.2.2 实验基本原理

1）基于深度学习的流量分类方法

深度学习是一种基于表征学习思想的机器学习技术，一般使用深层神经网络实现，通过多层的特征学习逐步得到原始数据的高层特征表示，并进一步用于分类等任务[57]。

深度学习的应用方式一般是端到端的形式，即不再需要手工设计特征和提取特征，而是由神经网络直接处理原始数据并自动学习和输出高层特征。这个优势使得深度学习在很多特征设计比较困难的领域得到了广泛应用，并取得了非常好的效果，例如计算机视觉、语音识别和自然语言处理等。

随着网络技术的发展，复杂的网络特征加大了流量识别模型对于关键信息的提取难度，深度学习方法的引入能够以机器的自学习模式实现特征的自动提取，降低对应的难度，图像分类技术的引入能够加强特征的表示能力。深度学习通过各种不同的网络结构来进行原始数据的表征学习，其原理基于感受野或基于自然语言规则，可以将人类识别物体的特征数字化，并通过多层的网络结构学习高纬度的数字特征，并用提取到的特征进行任务识别。

2）神经网络

神经网络是通过多层的人工神经元之间的连接权重实现模拟人脑神经系统的一种技术，可以用于分类领域。神经网络在网络流量异常检测领域的应用早期以浅层网络为主。

近年来,随着深度学习的快速发展,已经出现了深层神经网络在网络流量异常检测领域的相关应用。

12.2.3　实验步骤

使用深度学习算法进行流量分类的实验步骤如图 12.6 所示,分为数据预处理(训练集和测试集的生成)、构建密集连接网络、模型编译、模型训练和测试五个部分。

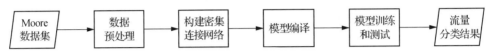

图 12.6　使用深度学习算法进行流量分类的实验步骤

1) 数据预处理

同样地,使用深度学习算法也需要先对数据集 Moore_set 进行预处理,该部分在实验 1 已经做了详细介绍,在此不再赘述。

但是需要特别注意的是,深度学习模型对于输入数据有一定要求。因此在将处理完毕的训练集和测试集输入到模型之前,需要使用函数 tf. reshape 改变张量的形状。

代码如下:

```
X_train = tf. reshape(train_x, [-1, 256])
X_test = tf. reshape(test_x, [-1, 256])
```

2) 构建网络

为了方便理解,本章使用了带有 relu 激活的全连接层(Dense)的简单堆叠,比如 Dense(16, activation= 'relu')。其中,传入 Dense 层的参数(16)是该层的隐藏单元个数,一个隐藏单元(hidden unit)是该层表示空间的一个维度。这一类网络在输入数据是向量的问题上表现得很好。

最后一层使用了 softmax 激活,由于最终的目标是将流量分类成 12 个不同的应用类型。因此网络将输出在 12 个不同输出类别上的概率分布——对于每一个输入样本,网络都会输出一个 12 维向量,其中 output[i]是样本属于第 i 个类别的概率,12 个概率总和为 1。

代码如下:

```
model = Sequential()
model. add(layers. Dense(256, input_dim=256, activation='relu'))
model. add(layers. Dense(12, activation='softmax'))
```

3) 编译模型

本章介绍的流量分类问题属于多分类,并且标签 y 是数字编码,最好的损失函数是 sparse_categorical_crossentropy,用于衡量两个概率分布直接的距离。优化器选择了 rmsprop(Root Mean Square Prop,均方根传递),在很多分类问题中都是一个很好的选择。

代码如下:

```
model. compile(loss= 'sparse_categorical_crossentropy', optimizer= 'rmsprop',
metrics=['accuracy'])
```

4）模型训练

在完成上述步骤后,可以开始对模型进行训练,使用 128 个样本组成的小批量,将模型训练 20 个轮次(即对 X_train 和 train_y 两个张量中的所有样本进行 20 次迭代)。与此同时,传入 validation_data 参数来监控损失和精度。

模型训练调用 model. fit()会返回一个 history 对象,这个对象有一个 history 成员,它是一个字典,包含了训练过程中的所有数据。history 包含四个条目,对应训练过程中和验证过程中监控的指标,包括损失 loss 和精度 accuracy。

代码如下:

```
history = model. fit(X_train, train_y, validation_split=0. 2, epochs=20, batch_size
=128, verbose=2,)
```

5）生成预测结果

通过训练集样本训练出一个深度学习模型之后,可以使用测试集样本来评估该模型,调用 model. evaluate 得到该模型在测试集上的分类精度 scores。

此外,通过调用 model. predict(),输出模型对于测试集样本的预测标签,可以将其与真实标签比较,得到分类的准确度。

代码如下:

```
scores = model. evaluate(X_test, test_y, verbose=0)
predict_y = model. predict(X_test)
```

6）绘制混淆矩阵

同样地,该模型也使用了混淆矩阵来描述最终的分类结果,具体的代码实现请参考实验 1。图 12.7 所示为深度学习模型上的混淆矩阵,它能够衡量真实标签和预测标签之间的差距。

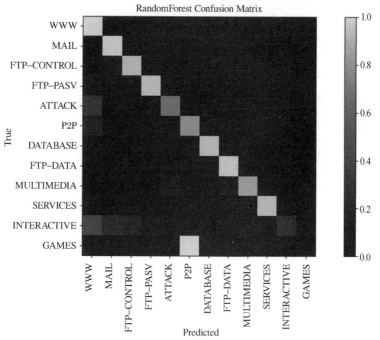

图 12.7　深度学习模型的混淆矩阵

12.2.4　实验案例

（1）模型架构如图 12.8 所示：

```
Model: "sequential"
_____
Layer (type)                 Output Shape              Param #
=================================================================
dense (Dense)                (None, 256)               65792
_____
dense_1 (Dense)              (None, 12)                3084
=================================================================
Total params: 68,876
Trainable params: 68,876
Non-trainable params: 0
_____
```

图 12.8　深度学习模型架构

（2）模型一共进行了 20 轮的迭代训练，每一轮大约只需要 4 s，给出了每轮在训练集上的损失值、精度，以及在验证集上的损失值和精度。这里只展示部分结果（见图 12.9）。

```
Epoch 2/20
2112/2112 - 4s - loss: 0.0830 - accuracy: 0.9810 - val_loss: 0.0717 - val_accuracy: 0.9849
Epoch 3/20
2112/2112 - 4s - loss: 0.0629 - accuracy: 0.9859 - val_loss: 0.0605 - val_accuracy: 0.9871
Epoch 4/20
2112/2112 - 4s - loss: 0.0527 - accuracy: 0.9881 - val_loss: 0.0524 - val_accuracy: 0.9883
Epoch 5/20
2112/2112 - 4s - loss: 0.0470 - accuracy: 0.9896 - val_loss: 0.0477 - val_accuracy: 0.9901
Epoch 6/20
2112/2112 - 4s - loss: 0.0432 - accuracy: 0.9907 - val_loss: 0.0467 - val_accuracy: 0.9905
Epoch 7/20
2112/2112 - 4s - loss: 0.0409 - accuracy: 0.9915 - val_loss: 0.0434 - val_accuracy: 0.9914
```

图 12.9　深度学习模型迭代训练的部分结果展示

（3）在 20 次迭代训练完成之后，使用训练好的模型在测试集上评估，得到模型在测试集上的精度，也就是说，深度学习方法在测试集上能达到 99.30% 的准确率。此外，训练时间为 82.19 s（见图 12.10）。

```
Accuracy: 99.30% 82.19761896133423
```

图 12.10　深度学习模型在测试集上的训练时间和精度

主动报文发送实验

主动报文发送实验是通过发送主动报文来测量网络性能的一种实验方法。主动报文发送实验通常用于测量网络中主机之间的连通性、网络的延迟、带宽等性能指标[58]。实验过程中,主机会不断地发送主动报文到其他主机,然后记录报文的发送时间和接收时间,从而计算出网络的延迟和带宽等性能指标。本章实验将通过主动发送 TCP 报文、主动发送 UDP 报文和主动发送 ICMP 报文探究主动报文发送的基本原理,实验环境如下:

```
Operating System: Ubuntu 22.04.1 LTS
Kernel: Linux 5.15.0-56-generic
Architecture: x86-64
```
注意:为保证实验顺利,请关闭实验中所有主机的防火墙。

13.1 实验 1:基于原始套接字的 TCP 报文主动发送实验

13.1.1 实验目的

(1) 学习在 Linux 系统下,使用原始套接字构造并主动发送各种类型的报文。
(2) 深入理解各层网络协议的原理,掌握 TCP 数据报格式。
(3) 理解 TCP 网络协议的特点,熟悉 TCP 连接建立的过程。
(4) 掌握 Internet 校验和算法,学会使用该算法计算首部校验和。

13.1.2 实验基本原理

TCP 协议 (Transmission Control Protocol,传输控制协议) 是一种面向连接的、可靠的、基于字节流的传输层通信协议,它负责确保数据在网络中可靠地传输。

本实验在发送端通过原始套接字构造并发送了 TCP 报文,自定义了网络层(IP 首部)和传输层(TCP 首部),并使用 Internet 校验和算法计算并填充了 IP 首部和 TCP 首部的校验和字段,在接收端使用 nc-lk [port] 命令监听本地相应的端口。实验中使用的 TCP 报文为建立 TCP 连接的 SYN 报文,TCP 建立连接时会进行三次"握手",发送端向接收端发送 TCP SYN 报文,要求与接收端建立 TCP 连接。接收端收到请求后,回复发送端 TCP SYN-ACK 报文,并等待发送端回复确认的 TCP ACK 报文。但是由于发送端的 TCP SYN 报文是通过程序使用原始套接字人工构造发出的,程序运行结束后,不会再响应接收端回复的 TCP SYN-ACK 报文,所以发送端主机在收到接收端回复的 TCP SYN-ACK 报文后,会认为这个报文是错误的,并丢弃该报文,回复接收端 TCP RST 报文(见图 13.1、图 13.2)。

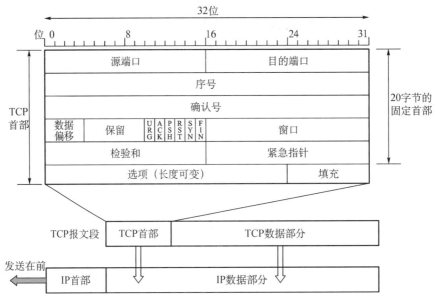

图 13.1　TCP 数据报格式

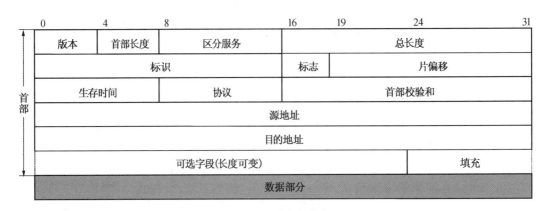

图 13.2　IP 数据报格式

13.1.3　实验步骤

1）整体流程

我们用 C 语言编写一个基于原始套接字的 TCP 报文发送程序,程序简要步骤如下:

a. 创建一个原始套接字;

b. 创建并填充 TCP 首部;

c. 创建并填充 TCP 的伪首部;

d. 计算 TCP 校验和并将结果填充在 TCP 首部中;

e. 创建并填充 IP 首部;

f. 计算并填充 IP 校验和;

g. 构造报文,将 IP 首部和 TCP 首部拼接存入报文中,然后发送报文。

> **注意:**
> (1) 在创建首部后,校验和字段 check 应置为 0,计算完校验和之后,再将结果赋值到首部的校验和字段 check 中。
> (2) 在填充首部时,应注意使用转换主机字节序为网络字节序。

2) 创建原始套接字

原始套接字(raw socket)是一种网络套接字,允许直接发送/接收 IP 协议数据包,而不需要任何传输层协议格式[59]。不同于标准套接字按照相应的协议自动封装数据,原始套接字可以更加灵活地控制报文的格式和内容,直接使用原始套接字来构造和发送报文,可以更容易地实现一些特殊的功能。

通过使用原始套接字,可以自由设置报文的各种字段,如报文的源地址、目的地址、协议、TTL 值、校验和等,还可以实现一些特殊的功能,如模拟报文丢失、报文重复、TTL 过期等。另外,使用原始套接字还可以自定义报文的格式,如自定义报文头部、报文数据部分等,从而可以实现模拟报文格式错误等功能。

本实验中使用 socket() 函数来创建原始套接字,socket() 函数原型为

```
int socket(int af, int type, int protocol);
```

af:地址族,也就是 IP 地址类型,常用的有 AF_INET 和 AF_INET6,分别表示 IPv4 地址和 IPv6 地址。

type:数据传输方式/套接字类型,为使用原始套接字,该参数应设置为 SOCK_RAW。

protocol:传输协议,本实验中设置为 IPPROTO_TCP,表示使用 TCP 协议。

3) 构造 TCP 首部

本实验中使用 <netinet/tcp. h> 头文件中定义的结构体 tcphdr 创建并填充 TCP 首部。

TCP 首部中校验和使用的是通用的 Internet 校验和算法,其规则如下:

在发送方,先把被校验的数据划分为许多 16 位字的序列。如果数据的字节长度为奇数,则在数据尾部补一个字节的 0 以凑成偶数。用反码算数运算把所有 16 位字相加后,然后再对和取反码,便得到校验和。

在接收方,当收到数据报(包括校验和字段)后,将所有 16 位字再使用反码算数运算相加一次,并将得到的和取反,即得出校验和的计算结果。如果数据报在传输过程中没有任何变化,则此结果必为 0,于是就保留这个数据报。否则即认为出差错,并将此数据报丢弃。

本实验中使用自定义函数 checksum() 计算 TCP 校验和并将结果填充在 TCP 首部中,TCP 校验和的校验内容应包括 TCP 伪首部、TCP 首部及负载数据(本实验使用建立 TCP 连接的 SYN 报文,无负载数据),函数 checksum() 的定义在 "myfunc. h" 中。

4) 构造 IP 首部

本实验中使用 <netinet/ip. h> 头文件中定义的结构体 iphdr 创建并填充 IP 首部。

IP 首部中校验和使用的同样是通用的 Internet 校验和算法,也使用自定义函数 checksum() 计算并填充 IP 校验和,IP 校验和的校验内容只包括 IP 首部。

5）构造并发送 TCP 报文

构造报文,报文的大小应为 IP 首部和 TCP 首部的长度之和,将 IP 首部和 TCP 首部拼接存入报文中。构造完成后使用 sendto() 函数发送报文。

13.1.4　实验案例

在本实验中,我们使用两台主机,其中一台作为发送端,IP 地址为 192.168.0.2,另一台主机作为接收端,IP 地址为 192.168.0.3。接收端监听的端口号为 1234。发送端运行的命令为"gcc-o tcp_snd tcp_snd. c myfunc. c"和"sudo . /tcp_snd"(见图 13.3),接收端运行的命令为"nc-lk 1234(见图 13.4)"。在 Wireshark 中,我们可以看到由我们自己定义的 TCP SYN 报文成功从发送端发送到了接收端,并引发接收端的第二次握手——TCP SYN-ACK 报文的发送。Wireshark 的抓包结果如图 13.5 所示。

```
sunzh@sunzh--ubuntu:~/packet_snd$ gcc -o tcp_snd tcp_snd.c myfunc.c
sunzh@sunzh--ubuntu:~/packet_snd$ sudo ./tcp_snd
Sent 40 bytes to 192.168.0.3:1234 _
```

图 13.3　发送终端命令

```
sunzh2@sunzhkt-ubuntu2:~$ nc -lk 1234
```

图 13.4　接收终端命令

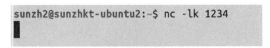

Source	Destination	Protocol	Length	Info
192.168.0.2	192.168.0.3	TCP	60 1111 → 1234 [SYN] Seq=0 Win=49362 Len=0
192.168.0.3	192.168.0.2	TCP	58 1234 → 1111 [SYN, ACK] Seq=0 Ack=1 Win=64240 Len=0 MSS=1460
192.168.0.2	192.168.0.3	TCP	60 1111 → 1234 [RST] Seq=1 Win=0 Len=0

图 13.5　Wireshark 抓包结果

13.2　实验 2:基于原始套接字的 UDP 报文主动发送实验

13.2.1　实验目的

（1）学习在 Linux 系统下,使用原始套接字构造并主动发送各种类型的报文。

（2）深入理解各层网络协议的原理,掌握 UDP 数据报格式。

（3）理解 UDP 协议的特点,熟悉 UDP 无连接传输的特性。

（4）掌握 Internet 校验和算法,学会使用该算法计算首部校验和。

13.2.2　实验基本原理

UDP 协议（User Datagram Protocol,用户数据报协议）是一个简单的面向数据包的传输层通信协议,它提供了一种无须建立连接就可以发送封装的 IP 数据包的方法。

本实验在发送端通过原始套接字构造并发送了 UDP 报文,自定义了网络层（IP 首部）、传输层(UDP 首部)以及传输层的负载数据,并使用 Internet 校验和算法计算并填充了 IP 首部、UDP 首部的校验和字段,在接收端使用 nc-luk〔port〕命令监听本地相应的端口,接收发送端发送的 UDP 报文,并将负载数据打印在终端中。UDP 数据报格式如图 13.6 所示。

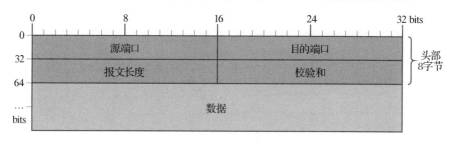

图 13.6 UDP 数据报格式

13.2.3 实验步骤

1) 整体流程

我们用 C 语言编写一个基于原始套接字的 UDP 报文发送程序,程序简要步骤如下:

a. 创建一个原始套接字;

b. 创建并填充负载数据;

c. 创建并填充 UDP 首部;

d. 创建并填充 UDP 的伪首部;

e. 计算 UDP 校验和并将结果填充在 UDP 首部中;

f. 创建并填充 IP 首部;

g. 计算并填充 IP 校验和;

h. 构造报文,将 IP 首部、UDP 首部和负载数据拼接存入报文中,然后发送报文。

2) 实现细节

UDP 报文的构造方式和 TCP 报文类似,具体细节请参照实验 1 中的内容。

13.2.4 实验案例

在本实验中,我们使用两台主机,其中一台作为发送端,IP 地址为 192.168.0.2,另一台主机作为接收端,IP 地址为 192.168.0.3。接收端监听的端口号为 1234。发送端运行的命令为"gcc -o udp_snd udp_snd. c myfunc. c"和"sudo . /udp_snd"(见图 13.7),接收端运行的命令为"nc -luk 1234"(见图 13.8)。实验中发送端使用 UDP 报文发送的负载数据会打印在接收端运行 nc 命令的终端中。在 Wireshark 中,我们也可以看到发送端发送的 UDP 报文负载(见图 13.9)。

```
sunzh@sunzh--ubuntu:~/packet_snd$ gcc -o udp_snd udp_snd.c  myfunc.c
sunzh@sunzh--ubuntu:~/packet_snd$ sudo ./udp_snd
Sent 49 bytes to 192.168.0.3:1234
sunzh@sunzh--ubuntu:~/packet_snd$
```

图 13.7 发送终端命令

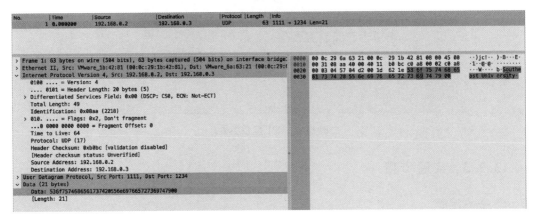

图 13.8　接收终端命令

图 13.9　Wireshark 抓包结果

13.3　实验 3：基于原始套接字的 ICMP 报文主动发送实验

13.3.1　实验目的

(1) 学习在 Linux 系统下，通过原始套接字构造并主动发送各种类型的报文。

(2) 深入理解各层网络协议的原理，掌握 ICMP 数据报格式。

(3) 理解 ICMP 协议的特点，熟悉 ICMP 无连接传输的特性。

(4) 掌握 Internet 校验和算法，学会使用该算法计算首部校验和。

13.3.2　实验基本原理

ICMP 协议（Internet Control Message Protocol，互联网控制消息协议）[60] 是一种面向无连接的协议，用于传输出错报告控制信息的网络层协议。它是 TCP/IP 协议簇的一个子协议，用于在 IP 主机、路由器之间传递如网络通不通、主机是否可达、路由是否可用等控制消息（见图 13.10）。

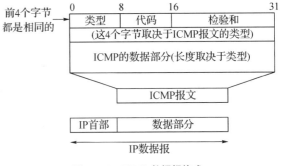

图 13.10　ICMP 数据报格式

本实验在发送端通过原始套接字构造并发送了 ICMP ping request 报文，自定义了网络层（IP 首部、ICMP 首部）以及负载数据，并使用 Internet 校验和算法计算并填充了 IP 首部、ICMP 首部的校验和字段。ICMP 报文是包含在 IP 数据包中的，因此当我们使用 IPPROTO_ICMP 参数创建原始套接字，表示要发送

ICMP 报文时,内核会自动为报文强制添加 IP 首部。为了实现自定义 IP 首部,我们需要设置套接字选项,表示在我们定义的数据中已经包含了 IP 首部。当发送端发送 ICMP ping request 报文后,接收端会回复 ICMP ping reply 报文。ICMP 数据报格式如图 13.10 所示。

13.3.3　实验步骤

1) 整体流程

我们用 C 语言编写一个基于原始套接字的 ICMP 报文发送程序,程序简要步骤如下:

a. 创建一个原始套接字,为防止 IP 首部重复添加,通过 setsockopt() 函数设置套接字选项为包含 IP 首部;

b. 创建并填充负载数据;

c. 创建并填充 ICMP 首部;

d. 计算 ICMP 校验和并将结果填充在 ICMP 首部中;

e. 创建并填充 IP 首部;

f. 计算并填充 IP 校验和;

g. 构造报文,将 IP 首部、ICMP 首部和负载数据拼接存入报文中,然后发送报文。

2) 实现细节

ICMP 报文的构造方式和 TCP 报文类似,具体细节请参照实验 1 中的内容。

13.3.4　实验案例

在本实验中,我们使用两台主机,其中一台作为发送端,IP 地址为 192.168.0.2,另一台主机作为接收端,IP 地址为 192.168.0.3。接收端监听的端口号为 1234。发送端运行的命令为"gcc -o icmp_snd icmp_snd.c myfunc.c"和"sudo ./icmp_snd"(见图 13.11)。在 Wireshark 中,我们可以看到接收端会在收到发送端的 ICMP ping 请求后回复 ICMP ping reply 报文(见图 13.12)。

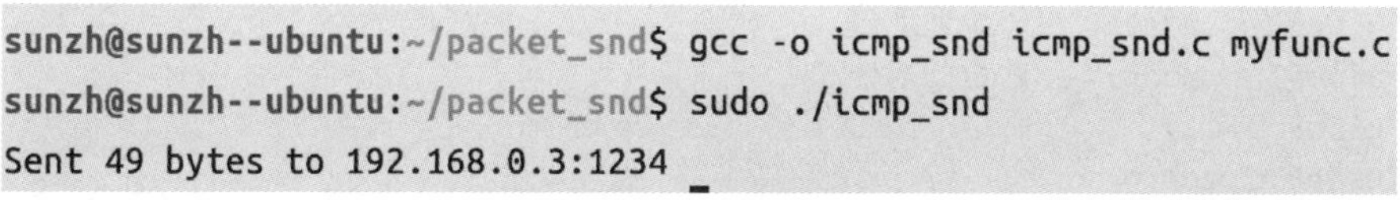

```
sunzh@sunzh--ubuntu:~/packet_snd$ gcc -o icmp_snd icmp_snd.c myfunc.c
sunzh@sunzh--ubuntu:~/packet_snd$ sudo ./icmp_snd
Sent 49 bytes to 192.168.0.3:1234
```

图 13.11　发送终端命令

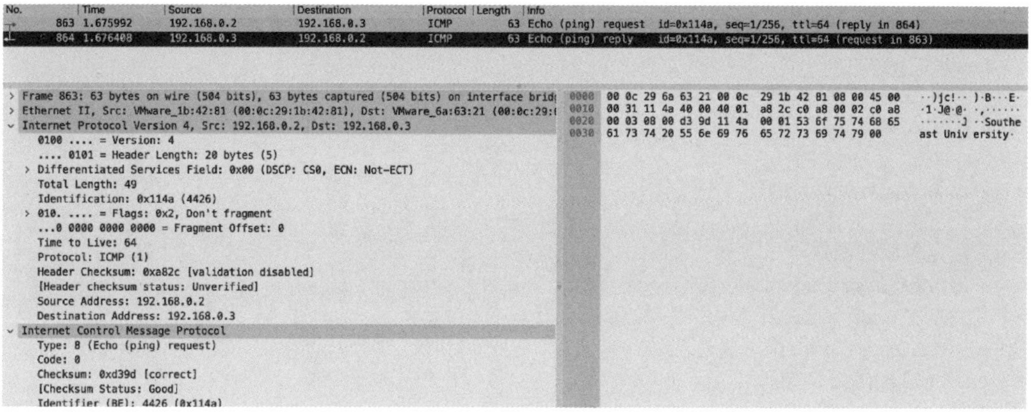

图 13.12　Wireshark 抓包结果

13.4　附录源码

config. h

```
#ifndef CONFIG_H
#define CONFIG_H

#define SCR_IP "192.168.0.2"    //源 IP 地址
#define SCR_PORT 1111       //源端口
#define DEST_IP "192.168.0.3"   //目标 IP 地址
#define DEST_PORT 1234        //目标端口

const char PAYLOAD[] = "Southeast University";   //负载数据
int PAYLOAD_SIZE = sizeof(PAYLOAD);   //负载数据大小

#endif //CONFIG_H
```

myfunc. h

```
#ifndef MYFUNC_H
#define MYFUNC_H

#include < netinet/in.h>

//计算校验和函数
unsigned short checksum(unsigned short * addr, int len);

//TCP/UDP 伪首部
struct pseudohdr
{
    uint32_t saddr;     //源地址
    uint32_t daddr;     //目的地址
    uint8_t mbz;            //强制置空 must be zero
    uint8_t ptcl;           //协议类型
    uint16_t len; //长度(TCP/UDP 首部 + 数据)
};

#endif //MYFUNC_H
```

myfunc. c

```
#include "myfunc.h"

//计算校验和函数
unsigned short checksum(unsigned short * addr, int len)
{
    unsigned int sum = 0;
    while (len > 1)
    {
```

```
        sum += *addr++;
        len -= 2;
    }
    if (len == 1)
    {
        sum += * (unsigned char * )addr;
    }
    sum = (sum >> 16) + (sum & 0xffff);
    sum += (sum >> 16);
    return ~ sum;
}
```

13.4.1　实验 1

tcp_snd. c

```c
#include <stdio. h>
#include <stdlib. h>
#include <string. h>
#include <unistd. h>
#include <sys/types. h>
#include <sys/socket. h>
#include <netinet/in. h>
#include <arpa/inet. h>
#include <netinet/tcp. h>
#include <netinet/ip. h>
#include <time. h>
#include <math. h>

#include "config. h"
#include "myfunc. h"

int main(){
    srand((unsigned)time(NULL));
    uint16_t id = rand() % (uint16_t)pow(2, sizeof(uint16_t) * 8);
    uint32_t seq = rand() % (uint32_t)pow(2, sizeof(uint32_t) * 8);
    uint16_t window = rand() % (uint16_t)pow(2, sizeof(uint16_t) * 8);

    //创建原始套接字
    int sockfd = socket(AF_INET, SOCK_RAW, IPPROTO_TCP);

    if (sockfd < 0)
    {
        perror("socket");
        return 1;
    }

    //填充 TCP 首部
    struct tcphdr tcphdr;
    memset(&tcphdr, 0, sizeof(tcphdr));
    tcphdr. source = htons(SCR_PORT); //源端口
    tcphdr. dest = htons(DEST_PORT);  //目标端口
```

```
tcphdr. seq = htonl(seq);
tcphdr. ack_seq = 0;
tcphdr. doff = 5; // 20 个字节的 TCP 头
tcphdr. fin = 0;
tcphdr. syn = 1;
tcphdr. rst = 0;
tcphdr. psh = 0;
tcphdr. ack = 0;
tcphdr. urg = 0;
tcphdr. window = htons(window);
tcphdr. check = 0; //在计算 TCP 校验和前,将 check 字段置零
tcphdr. urg_ptr = 0;

//填充伪首部
struct pseudohdr pseudohdr;
pseudohdr. saddr = inet_addr(SCR_IP);
pseudohdr. daddr = inet_addr(DEST_IP);
pseudohdr. mbz = 0;
pseudohdr. ptcl = IPPROTO_TCP;
pseudohdr. len = htons(sizeof(tcphdr));

//计算 TCP 校验和
unsigned char csum[sizeof(pseudohdr) + sizeof(tcphdr)];
memset(csum, 0, sizeof(csum));
memcpy(csum, &pseudohdr, sizeof(pseudohdr));
memcpy(csum + sizeof(pseudohdr), &tcphdr, sizeof(tcphdr));

tcphdr. check = checksum((unsigned short * )csum, sizeof(csum));

//设置 IP 首部选项
int optval = 1;
setsockopt(sockfd, IPPROTO_IP, IP_HDRINCL, &optval,sizeof(optval));

//填充 IP 首部
struct iphdr iphdr;
memset(&iphdr, 0, sizeof(iphdr));
iphdr. ihl = 5;
iphdr. version = 4;
iphdr. tos = 0;
iphdr. tot_len = htons(sizeof(iphdr) + sizeof(tcphdr));
iphdr. id = htons(id);
iphdr. frag_off = 64;
iphdr. ttl = 64;
iphdr. protocol = IPPROTO_TCP;
iphdr. check = 0;    // IP 校验和计算后填充
iphdr. saddr = inet_addr(SCR_IP);        //源 IP 地址
iphdr. daddr = inet_addr(DEST_IP);       //目标 IP 地址

//计算校验和并填充
iphdr. check = checksum((unsigned short * )&iphdr, sizeof(iphdr));
```

```
//构造报文
unsigned char packet[sizeof(iphdr) + sizeof(tcphdr)];
memset(packet, 0, sizeof(packet));

//将 IP 首部和 TCP 首部拼接在一起
memcpy(packet, &iphdr, sizeof(iphdr));
memcpy(packet + sizeof(iphdr), &tcphdr, sizeof(tcphdr));


//发送报文
struct sockaddr_in dest_addr;
memset(&dest_addr, 0, sizeof(dest_addr));
dest_addr.sin_family = AF_INET;
dest_addr.sin_addr.s_addr = inet_addr(DEST_IP);
int bytes_sent = sendto(sockfd, packet, sizeof(packet), 0, (struct sockaddr *)
&dest_addr, sizeof(dest_addr));
if (bytes_sent < 0)
{
    perror("sendto");
    return 1;
}
    printf("Sent % d bytes to % s:% d\n", bytes_sent, DEST_IP, DEST_PORT);

return 0;
}
```

13. 4. 2　实验 2

udp_snd. c

```
#include <stdio.h>
#include <stdlib.h>
#include <string.h>
#include <unistd.h>
#include <sys/types.h>
#include <sys/socket.h>
#include <netinet/in.h>
#include <arpa/inet.h>
#include <netinet/udp.h>
#include <netinet/ip.h>
#include <time.h>
#include <math.h>

#include "config.h"
#include "myfunc.h"

int main(){
    srand((unsigned)time(NULL));
    uint16_t id = rand() % (uint16_t)pow(2, sizeof(uint16_t) * 8);

    //创建原始套接字
    int sockfd = socket(AF_INET, SOCK_RAW, IPPROTO_UDP);
```

```
if (sockfd < 0) {
    perror("socket");
    return 1;
}

//填充负载数据
char data[PAYLOAD_SIZE];
memset(data, 0, sizeof(data));
memcpy(data, PAYLOAD, PAYLOAD_SIZE);

//填充 UDP 首部
struct udphdr udphdr;
memset(&udphdr, 0, sizeof(udphdr));
udphdr.source = htons(SCR_PORT); //源端口
udphdr.dest = htons(DEST_PORT); //目标端口
udphdr.len = htons(sizeof(udphdr) + PAYLOAD_SIZE);
udphdr.check = 0;

//填充伪首部
struct pseudohdr pseudohdr;
pseudohdr.saddr = inet_addr(SCR_IP);
pseudohdr.daddr = inet_addr(DEST_IP);
pseudohdr.mbz = 0;
pseudohdr.ptcl = IPPROTO_UDP;
pseudohdr.len = htons(sizeof(udphdr) + PAYLOAD_SIZE);

//计算 UDP 校验和
unsigned char csum[sizeof(pseudohdr) + sizeof(udphdr) + PAYLOAD_SIZE];
memset(csum, 0, sizeof(csum));

memcpy(csum, &pseudohdr, sizeof(pseudohdr));
memcpy(csum + sizeof(pseudohdr), &udphdr, sizeof(udphdr));
memcpy(csum + sizeof(pseudohdr) + sizeof(udphdr), data, PAYLOAD_SIZE);

udphdr.check = checksum((unsigned short *)csum, sizeof(csum));

//设置 IP 首部选项
int optval = 1;
setsockopt(sockfd, IPPROTO_IP, IP_HDRINCL, &optval, sizeof(optval));

//填充 IP 首部
struct iphdr iphdr;
memset(&iphdr, 0, sizeof(iphdr));
iphdr.ihl = 5;
iphdr.version = 4;
iphdr.tos = 0;
iphdr.tot_len = htons(sizeof(iphdr) + sizeof(udphdr) + PAYLOAD_SIZE);
iphdr.id = htons(id);
iphdr.frag_off = 64;
iphdr.ttl = 64;
iphdr.protocol = IPPROTO_UDP;
```

```
    iphdr. check = 0;   // IP 校验和计算后填充
    iphdr. saddr = inet_addr(SCR_IP);        //源 IP 地址
    iphdr. daddr = inet_addr(DEST_IP); //目标 IP 地址

    //计算校验和并填充
    iphdr. check = checksum((unsigned short * )&iphdr, sizeof(iphdr));

    //构造报文
    unsigned char packet[sizeof(iphdr) + sizeof(udphdr) + PAYLOAD_SIZE];
    memset(packet,0,sizeof(packet));

    //将 IP 首部和 UDP 首部拼接在一起
    memcpy(packet, &iphdr, sizeof(iphdr));
    memcpy(packet + sizeof(iphdr), &udphdr, sizeof(udphdr));
    memcpy(packet + sizeof(iphdr) + sizeof(udphdr), data, PAYLOAD_SIZE);

    //发送报文
    struct sockaddr_in dest_addr;
    memset(&dest_addr, 0, sizeof(dest_addr));
    dest_addr. sin_family = AF_INET;
    dest_addr. sin_addr. s_addr = iphdr.daddr;
    int bytes_sent = sendto(sockfd, packet, sizeof(packet), 0, (struct sockaddr * )
&dest_addr, sizeof(dest_addr));

    if (bytes_sent < 0) {
        perror("sendto");
        return 1;
    }
    printf("Sent % d bytes to % s:% d\n", bytes_sent, DEST_IP, DEST_PORT);

    return 0;
}
```

13.4.3　实验 3

icmp_snd. c

```
#include <stdio. h>
#include <stdlib. h>
#include <string. h>
#include <unistd. h>
#include <sys/types. h>
#include <sys/socket. h>
#include <netinet/in. h>
#include <arpa/inet. h>
#include <netinet/ip_icmp. h>
#include <netinet/ip. h>
#include <time. h>
#include <math. h>

#include "config. h"
#include "myfunc. h"
```

```
int main(){
    srand((unsigned)time(NULL));
    uint16_t id = rand() % (uint16_t)pow(2, sizeof(uint16_t) * 8);

    //创建原始套接字
    int sockfd = socket(AF_INET, SOCK_RAW, IPPROTO_ICMP);

    if (sockfd < 0) {
        perror("socket");
        return 1;
    }

    const int on = 1;
    if(setsockopt(sockfd, IPPROTO_IP, IP_HDRINCL, &on, sizeof(on)) < 0){
        perror("socket option");
        return 1;
    }

    //填充负载数据
    char data[PAYLOAD_SIZE];
    memset(data, 0, sizeof(data));
    strcpy(data, PAYLOAD);

    //填充 ICMP 首部
    struct icmphdr icmphdr;
    memset(&icmphdr, 0, sizeof(icmphdr));
    icmphdr.type = ICMP_ECHO; // ICMP 类型(回显请求)
    icmphdr.code = 0; // ICMP 代码
    icmphdr.checksum = 0; // ICMP 校验和(计算后填充)
    icmphdr.un.echo.id = htons(id);
    icmphdr.un.echo.sequence = htons(1); //序列号

    //计算校验和并填充
    unsigned char csum[sizeof(icmphdr) + PAYLOAD_SIZE];
    memset(csum, 0, sizeof(csum));

    memcpy(csum, &icmphdr, sizeof(icmphdr));
    memcpy(csum + sizeof(icmphdr), data, PAYLOAD_SIZE);

    icmphdr.checksum = checksum((unsigned short *)&csum,sizeof(csum));

    //填充 IP 首部
    struct iphdr iphdr;
    memset(&iphdr, 0, sizeof(iphdr));
    iphdr.ihl = 5;
    iphdr.version = 4;
    iphdr.tos = 0;
    iphdr.tot_len = htons(sizeof(iphdr) + sizeof(icmphdr) + PAYLOAD_SIZE);
    iphdr.id = htons(id);
    iphdr.frag_off = 64;
    iphdr.ttl = 64;
```

```
iphdr.protocol = IPPROTO_ICMP;
iphdr.check = 0; // IP 校验和计算后填充
iphdr.saddr = inet_addr(SCR_IP); //源 IP 地址
iphdr.daddr = inet_addr(DEST_IP); //目标 IP 地址

//计算校验和并填充
iphdr.check = checksum((unsigned short *)&iphdr, sizeof(iphdr));

//构造报文
unsigned char packet[sizeof(iphdr) + sizeof(icmphdr) + PAYLOAD_SIZE];
memset(packet, 0, sizeof(packet));

//将 IP 首部和 ICMP 首部拼接在一起
memcpy(packet, &iphdr, sizeof(iphdr));
memcpy(packet + sizeof(iphdr), &icmphdr, sizeof(icmphdr));
memcpy(packet + sizeof(iphdr) + sizeof(icmphdr), data, PAYLOAD_SIZE);

//发送报文
struct sockaddr_in dest_addr;
memset(&dest_addr, 0, sizeof(dest_addr));
dest_addr.sin_family = AF_INET;
dest_addr.sin_addr.s_addr = inet_addr(DEST_IP);
int bytes_sent = sendto(sockfd, packet, sizeof(packet), 0, (struct sockaddr *)
&dest_addr, sizeof(dest_addr));
if (bytes_sent < 0) {
    perror("sendto");
    return 1;
}

printf("Sent %d bytes to %s:%d\n", bytes_sent, DEST_IP, DEST_PORT);

close(sockfd);
return 0;
}
```

14 网络扫描实验

安全专家和攻击者广泛使用许多数据包嗅探和欺骗工具,例如 Wireshark、tcpdump、Netwox 等[61]。能够使用这些工具固然很重要,但对于学习网络安全课程的学生来说,更重要的是了解这些工具的工作原理,即数据包嗅探和欺骗是如何在软件中实现的。本章将讲解这些工具的底层原理,通过用 C 语言编写的 Linux 下的网络扫描程序捕获和分析局域网内网络流量,发现可用主机的 IP 地址和端口类型、识别运行在主机上的服务、发现网络中的安全漏洞及监测网络的变化,从而让学生理解采取网络安全措施的必要性。注意,在本章实验过程中,需严格遵守网络安全相关法律法规,禁止探测互联网上的 IP。

本章共设置了四个实验。其中,实验 1 属于端口扫描,先进行指定开放端口的扫描;在此基础上,实验 2 增加了发送请求与接收响应的环节,可以帮助学生了解使用标准套接字进行网络扫描的过程;实验 3 同样属于端口扫描,但使用的是原始套接字,进行了 TCP Stealth scan;实验 4 属于主机扫描,同样使用原始套接字,以 ARP 扫描为例,从接收到的响应包获得主机信息。

14.1 实验 1:开放端口扫描

14.1.1 实验目的

理解网络编程中常用的 socket 编程函数,如 socket()、connect()、htons()、inet_aton()和 socket 编程中常用的数据类型,如 struct sockaddr_in 和 struct sockaddr 等;理解网络字节序的概念,以及如何使用 htons() 函数转换主机字节序和网络字节序;了解端口扫描的基本原理,学会用基于 TCP 的 socket 编程技术对主机进行端口扫描。

14.1.2 实验基本原理

一个开放的网络端口就是一条与计算机进行通信的信道,对网络端口的扫描可以得到目标计算机开放的服务程序、运行的系统版本信息,从而为下一步的入侵做好准备。通过对端口的扫描分析,可以发现目标主机开放的端口和所提供的服务以及相应服务软件版本和这些服务及软件的安全漏洞,从而能及时了解目标主机存在的安全隐患。

本实验通过扫描指定主机的全部或部分端口,确定是否存在开放端口。

14.1.3 实验步骤

1) 整体流程

下面,我们用 C 语言编写一个端口扫描程序,扫描一台主机的所有端口,检查哪些端口

是打开的,简要步骤如下:

    a. 创建套接字;

    b. 设置要扫描的主机的地址;

    c. 尝试连接到当前扫描到的端口;

    d. 关闭连接。

2) 调用 socket 函数创建套接字

socket()函数原型为 int socket(int af, int type, int protocol),其中:

af:使用的地址族,常用 AF_INET 实现 TCP/UDP 协议。

type:指定 socket 类型,如 TCP(SOCK_STREAM)和 UDP(SOCK_DGRAM)。常用的 socket 类型还有 SOCK_RAW、SOCK_PACKET、SOCK_SEQPACKET 等。

protocol:套接口所用的协议。如只有一个协议实现了所需套接字类型,可用 0。常用的协议有 IPPROTO_TCP、IPPROTO_UDP、IPPROTO_STCP、IPPROTO_TIPC 等,分别对应 TCP 传输协议、UDP 传输协议、STCP 传输协议、TIPC 传输协议。

```
sockfd = socket(AF_INET, SOCK_RAW, IPPROTO_TCP);
if (sockfd < 0) {
    perror("Error creating socket");
    return 1;
}
```

3) 设置要扫描的主机的地址

memset()用来在一段内存块中填充某个特定的值。在这里用来清零 addr;

sin_family 是 struct sockaddr_in 结构体中的一个成员,代表地址族;

inet_aton()用来将点分十进制的 IP 地址字符串转换为一个 32 位的网络字节序的 IP 地址。

实验中需替换示例代码中的"127.0.0.1"为需要扫描的主机的 IP 地址。

```
memset(&addr, 0, sizeof(addr));
addr.sin_family = AF_INET;
inet_aton("127.0.0.1", &addr.sin_addr);
```

4) 尝试连接到当前扫描到的端口

函数原型为 int connect(SOCKET s, const struct sockaddr * name, int namelen),其中:

s:标识一个未连接 socket;

name:指向要连接套接字的 sockaddr 结构体的指针;

namelen:sockaddr 结构体的字节长度;

```
if (connect(sockfd, (struct sockaddr * )&addr, sizeof(addr)) == 0)
......
```

14.1.4　实验案例

在本实验中,我们将会编写一个客户端程序,该程序会尝试连接指定 IP 地址的主机上的端口,从而扫描该主机上开放的端口。

在代码中,我们通过调用 socket()函数创建一个 TCP 套接字,并使用 connect()函数尝试连接指定 IP 地址和端口号的主机。我们设置要扫描的主机 IP 地址为 127.0.0.1,表示扫描本地主机上的端口。然后我们循环扫描从 1 到 65 535 之间的端口,逐个尝试连接到端口,如果连接成功,则说明该端口是开放的。最后关闭连接,结束程序,运行指令 ./Port_scan_1,结果如图 14.1 所示。

```
Port 631 is open
```

图 14.1　客户端端口扫描结果

用 Nmap 工具验证正确性,指令为 nmap 127.0.0.1,结果如图 14.2 所示。

```
Starting Nmap 7.93 ( https://nmap.org ) at 2023-02-02 23:55 CST
Nmap scan report for localhost (127.0.0.1)
Host is up (0.00011s latency).
Not shown: 999 closed tcp ports (conn-refused)
PORT     STATE SERVICE
631/tcp open  ipp

Nmap done: 1 IP address (1 host up) scanned in 0.06 seconds
```

图 14.2　Nmap 验证结果

14.2　实验 2:端口扫描与通信

14.2.1　实验目的

理解基于端口扫描的服务信息收集过程,并在 Linux 环境下,利用 C 语言编写程序,实现不同协议的服务信息收集。

14.2.2　实验基本原理

实验 2 较实验 1 增加了发送请求与接收响应的功能,从而进行开放服务扫描。我们可以使用不同的协议,比如 HTTP、FTP、SMTP 等,来收集服务信息。本实验通过扫描指定主机的全部或部分端口,确定是否存在开放端口。

14.2.3　实验步骤

1) 整体流程

下面,我们用 C 语言编写一个端口扫描与通信程序,扫描一台主机的所有端口,简要步骤如下:

　　a. 创建套接字;

　　b. 设置要扫描的主机的地址;

　　c. 尝试连接到当前扫描到的端口;

　　d. 构造 HTTP 请求;

e. 发送请求；

f. 接收响应；

g. 关闭连接。

2）构造 HTTP 请求

我们通过 sprintf()函数构造 HTTP 请求。sprintf()函数原型为 int sprintf(char ∗ buffer，const char ∗ format，[argument]...)，其中：

buffer：是 char 类型的指针，指向写入的字符串指针；

format：格式化字符串，即在程序中想要的格式；

argument：可选参数，可以为任意类型的数据。

函数返回值：buffer 指向的字符串的长度。

```
sprintf(buffer, "GET / HTTP/1.0\r\n\r\n");
```

3）发送请求

我们通过 send()函数发送请求，函数原型为 int send(SOCKET s，const char FAR ∗ buf，int len，int flags)，其中：

s：指定发送端套接字描述符；

buf：指明一个存放应用程序要发送数据的缓冲区；

len：表示实际要发送的数据的字节数；

flags：一般置 0。

```
send(sockfd, buffer, strlen(buffer), 0);
```

4）接收响应

我们通过 recv()函数接收响应，函数原型为 int recv(SOCKET s，char FAR ∗ buf，int len，int flags)，其中：

s：指定接收端套接字描述符；

buf：指明一个存放 recv 函数接收到的数据的缓冲区；

len：表示 buf 的长度；

flags：一般置 0。

```
recv(sockfd, buffer, sizeof(buffer), 0);
```

14.2.4　实验案例

在本实验中，我们使用两台主机，在其中一台上编写一个客户端程序，该程序会尝试连接指定 IP 地址的主机上的端口，从而扫描该主机上开放的端口。

在代码中，我们通过调用 socket()函数创建一个 TCP 套接字，并使用 connect()函数尝试连接指定 IP 地址和端口号的主机。然后，尝试构造请求报文，接收响应并分析相应内容，最后关闭连接，结束程序。运行指令 ./Port_scan_2，结果如图 14.3 所示。

```
Port 631: HTTP/1.0 400 Bad Request
Content-Language: en_US
Content-Length: 346
Content-Type: text/html; charset=utf-8
Date: Thu, 02 Feb 2023 16:27:59 GMT
Accept-Encoding: gzip, deflate, identity
Server: CUPS/2.4 IPP/2.1
X-Frame-Options: DENY
Content-Security-Policy: frame-ancestors 'none'

<!DOCTYPE HTML PUBLIC "-//W3C//DTD HTML 4.01 Transitional//EN" "http://www.w3.org/TR/html4/loose.dtd">
<HTML>
<HEAD>
        <META HTTP-EQUIV="Content-Type" CONTENT="text/html; charset=utf-8">
        <TITLE>Bad Request - CUPS v2.4.1</TITLE>
        <LINK REL="STYLESHEET" TYPE="text/css" HREF="/cups.css">
</HEAD>
<BODY>
<H1>Bad Request</H1>
<P></P>
</BODY>
</HTML>

Port 41104: GET / HTTP/1.0
```

图 14.3　客户端服务信息扫描结果

14.3　实验 3:利用原始套接字进行端口扫描

14.3.1　实验目的

(1) 学习使用原始套接字发送 TCP SYN 数据包进行端口扫描。

(2) 学习使用原始套接字进行 TCP Stealth scan。

14.3.2　实验基本原理

在之前的实验中,我们使用的都是标准套接字。在这个实验中,会尝试使用原始套接字进行更复杂的操作。原始套接字(raw sockets)与标准套接字(sockets)不同。在实验 1 中使用的标准套接字是面向连接的,通常用于建立网络连接并传输数据。它建立在传输层协议(如 TCP 或 UDP)之上,由操作系统的套接字层实现,具有很多限制,如不能自主控制 TCP头。而原始套接字是面向数据报的,可以访问网络层协议(如 IP)[62]。它由程序直接实现构造和接收网络数据包的操作,而无须经过传输层协议,也不依赖于操作系统的套接字层。使用原始套接字的程序可以实现一些高级网络功能,如路由、路径发现、网络扫描等,但是也需要自己处理网络协议的细节,实现起来更加复杂[63]。

注意,因为原始套接字需要网络栈的特殊权限,所以在使用原始套接字的时候,需要以root 权限执行程序。

1) TCP FIN 扫描

仅发送 FIN 包,它可以直接通过防火墙,如果端口是关闭的就会回复一个 RST 包,如果端口是开放或过滤状态则没有任何响应。其优点是 FIN 数据包能够通过只监测 SYN 包的包过滤器,且隐蔽性高于 SYN 扫描。缺点是需要自己构造数据包,要求 root 权限或者授权用户访问专门的系统调用。TCP FIN 扫描原理,如图 14.4 所示。

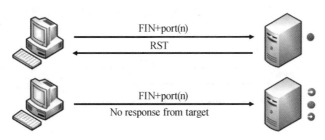

图 14.4　TCP FIN 扫描原理

2) TCP Xmas 扫描

发送一个 TCP 包,并对 TCP 报文头 FIN、URG 和 PUSH 标记进行设置。若是关闭的端口则响应 RST 报文;开放或过滤状态下的端口则无任何响应。优点是隐蔽性好,缺点是需要自己构造数据包,要求拥有 root 权限或者授权用户权限。TCP Xmas 扫描原理,如图 14.5所示。

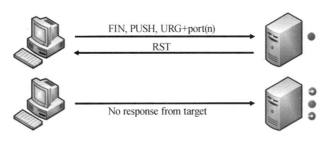

图 14.5　TCP Xmas 扫描原理

3) TCP Null 扫描

发送一个 TCP 数据包,关闭所有 TCP 报文头标记。只有关闭的端口会发送 RST 响应。其优点和 Xmas 一样是隐蔽性好,缺点也是需要自己构造数据包,要求拥有 root 权限或者授权用户权限。TCP Null 扫描原理,如图 14.6 所示。

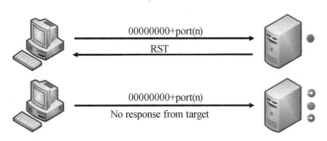

图 14.6　TCP Null 扫描原理

4) TCP Stealth 扫描

TCP Stealth 扫描也称为 TCP SYN 扫描。与 TCP Connect 扫描不同,TCP SYN 扫描并不需要打开一个完整的链接。发送一个 SYN 包,并等待响应。如果接收到一个 SYN/ACK 包,表示目标端口是开放的;如果接收到一个 RST/ACK 包,表明目标端口是关闭的;如果端口是被过滤的状态则没有响应。当得到的是一个 SYN/ACK 包时通过发送一个 RST 包,立即终止连接。TCP SYN 扫描的优点是隐蔽性较全连接扫描好,因为很多系统对这种半扫描很少记录。缺点是构建 SYN 报文需要 root 权限,且网络防护设备会有记录。TCP Stealth 扫描原理,如图 14.7 所示。

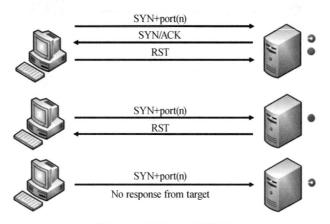

图 14.7　TCP Stealth 扫描原理

14.3.3　实验步骤

1) 熟悉 raw_socket 的使用

(1) 创建套接字的函数原型为 int socket(int domain, int type, int protocol),其中:

domain:指定地址域,AF_INET 表示 IPv4 协议。

type:指定套接字类型,SOCK_RAW 表示原始套接字。

protocol:指定协议,IPPROTO_TCP 表示 TCP 协议。

(2) 设置目的地址的函数原型为 void * memset(void * s, int c, size_t n),其中:

s:指向目标数组的指针;

c:填充字符;

n:填充个数。

```
dest_addr.sin_family = AF_INET;
dest_addr.sin_port = htons(80);
dest_addr.sin_addr.s_addr = inet_addr("192.168.1.1");
```

以上三行代码分别表示:

使用 IPv4 协议;

使用 80 端口,并且使用 htons() 将主机字节序转换为网络字节序;

使用 IP 地址 192.168.1.1,使用 inet_addr() 将点分十进制 IP 地址转换为网络字节序。

(3) 发送数据的函数原型为 int sendto(int sockfd, const void * buf, size_t len, int flags, const struct sockaddr * dest_addr, socklen_t addrlen),其中:

sockfd:套接字描述符;

buf:指向要发送的数据缓冲区的指针;

len:要发送的数据长度;

flags:传输标志;

dest_addr：指向目的地址的指针；

addrlen：目的地址长度。

2）使用 raw_socket 进行 TCP stealth scan

本实验不使用 TCP 协议的三次握手过程，不会返回 TCP SYN/ACK 数据包，从而实现隐形扫描。在本节实验过后，学生可自主完成 TCP Xmas scan / TCP FIN scan / TCP Null scan 这三个扫描技术的编程实现。

实验流程为：首先，创建一个原始套接字，设置套接字选项 IP_HDRINCL；接着创建 IP 报头和 TCP 报头；创建伪首部并计算校验和；然后使用 sendto()函数将数据包发送到目标地址，最后关闭套接字。

（1）创建套接字。

（2）设置套接字选项的函数原型为 int setsockopt(int sockfd, int level, int optname, const void * optval, socklen_t optlen)，其中：

sockfd：套接字描述符；

level：选项所属的协议层，IPPROTO_IP 表示 IP 协议；

optname：要设置的选项，IP_HDRINCL 表示在发送数据时包括整个 IP 首部；

optval：选项值，传入 &one 表示将该选项设置为 1；

optlen：optval 缓冲区的长度

（3）设置 IP 首部字段、TCP 首部字段、IP 首部中的源 IP 和目的 IP 地址。

（4）构造伪首部，将 TCP 首部复制到伪首部中。

（5）计算传入数组的校验和的函数原型为 unsigned short csum(unsigned short * ptr, int nbytes)。使用 csum()函数计算 TCP 首部的校验和，步骤如下：

- 初始化 sum 为 0。
- 循环 nbytes 次，每次将 ptr 指向的内容加到 sum 中，并将 ptr 指针向后移动 2 个字节。
- 如果 nbytes 为奇数，将最后一个字节加入 sum 中。
- 将 sum 的高 16 位与低 16 位相加，并将结果存回 sum 中。
- 将 sum 取反并转换为 short 类型，返回结果。

（6）设置目标地址信息后，使用 sendto()函数发送报文。

14.4　实验 4：主机扫描

14.4.1　实验目的

（1）学习使用 raw_socket 进行主机扫描。

（2）学会编写简单的 ARP 扫描程序。

14.4.2　实验基本原理

网络扫描通常包括以下三个步骤，如图 14.8 所示。

（1）发送询问信息：发送询问数据报到网络中的指定 IP 地址。

（2）接收响应信息：如果发送询问信息的 IP 地址上存在设备或服务，它就会回复一个响应信息。响应信息通常包含有关设备或服务的信息，比如它的 IP 地址、类型和运行的服务。

（3）处理响应信息：收集响应信息，尝试从中提取有价值的网络信息。

网络扫描通常使用 TCP、UDP、ICMP 协议来发送询问信息[64]。

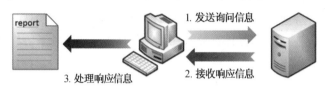

图 14.8　网络扫描步骤

主机扫描是网络扫描的一个重要组成部分，它指的是确定目标主机的 IP 地址或主机名并执行扫描的过程。局域网下的 ARP 扫描和广域网下的 ICMP Echo 扫描、ICMP Sweep扫描、ICMP Broadcast 扫描、ICMP Non-Echo 扫描都是基本的扫描技术[65]。

1）ICMP Echo 扫描

ICMP Echo 扫描流程为：发送一个 ICMP 回应请求数据包给目标系统，并等待接收ICMP 响应。如果收到响应，则意味着目标主机在线。使用这种方法来查询多个主机被称为 Ping 扫描。Ping 扫描是网络扫描最为基础的方法。优点是简单，多种系统支持。缺点是速度慢且容易被防火墙限制。ICMP Echo 扫描原理，如图 14.9 所示。

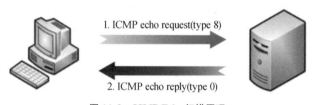

图 14.9　ICMP Echo 扫描原理

2）ICMP Sweep 扫描

ICMP Sweep 扫描也即并行多路 ICMP Echo 扫描，如图 14.10 所示。

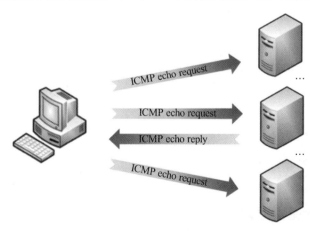

图 14.10　ICMP Sweep 扫描原理

3) ICMP Broadcast 扫描

将 ICMP 请求包的目的地址设为广播地址或网络地址,则可以探测广播域或整个网络范围的主机。但这种扫描仅适用于 UNIX/Linux 系统,Windows 系统会忽略这种请求包,同时这种扫描方式容易引起广播风暴。ICMP Broadcast 扫描原理,如图 14.11 所示。

图 14.11　ICMP Broadcast 扫描原理

4) ICMP Non-Echo 扫描

即使目标网络对 ICMP Echo 流量进行过滤,还可以用 Non-Echo ICMP 协议进行主机探测。例如,ICMP 类型为 13 可以请求获取系统的当前时间,ICMP 类型为 17 可以请求一个特定设备的子网掩码。

5) ARP 扫描

ARP 协议是用来在网络中查询 IP 地址对应的 MAC 地址的协议。向目标主机所在的局域网发送 ARP 广播请求,在局域网连通状态下目标主机会响应,从而得到 IP 地址和 MAC 地址等信息。

本节将以 ARP 扫描为例进行实验。实验流程如下:

(1) 创建一个原始套接字,这样可以捕获所有类型的以太网帧;

(2) 填充设备信息,并设置目标 MAC 地址为广播地址;

(3) 使用 ioctl() 函数填充以太网帧首部,使用 SIOCGIFHWADDR 命令获取网卡的 MAC 地址;

(4) 使用 inet_aton() 函数将 IP 地址转换为网络字节序;

(5) 构造并发送 ARP 请求报文;

(6) 从 ARP 应答数据包中获得目标主机信息。

14.4.3　实验步骤

1) 打开原始套接字

使用 socket() 函数,AF_PACKET 表示使用以太网协议;htons(ETH_P_ALL) 表示接收所有类型的以太网数据包。

2) 填充设备信息结构中相关字段,以便发送数据包时使用

```
memset(&device, 0, sizeof(device));
    device.sll_ifindex = if_nametoindex("eth0");
    device.sll_family = AF_PACKET;
    device.sll_halen = ETH_ALEN;
```

首先用 memset() 函数将设备信息结构清零，以便下面进行赋值。

由于 sendto() 函数需要知道数据包要发送到哪个网络接口，使用 if_nametoindex ("eth0") 函数获取网络接口 eth0 的索引号，并将其赋值给 device. sll_ifindex；

将 AF_PACKET 赋值给 device. sll_family，表示这是一个 PACKET 套接字（原始套接字）；

device. sll_halen ＝ ETH_ALEN。ETH_ALEN 是一个宏定义，它表示以太网地址（MAC 地址）长度，即 6 个字节。

3）指定目标 MAC 地址

```
memset(device.sll_addr, 0xff, ETH_ALEN);
```

用 memset() 函数将 device. sll_addr 的值填充为 0xff，也就是全 1 的二进制值。这表示目标 MAC 地址为广播地址，所有局域网内的主机都能接收到这个数据包。

4）使用 ioctl() 函数获取本地网卡的 MAC 地址，并将其作为发送 ARP 请求数据包的源 MAC 地址

```
strncpy(ifr.ifr_name, "eth0", IFNAMSIZ);
if(ioctl(sockfd, SIOCGIFHWADDR, &ifr) < 0) {
    perror("ioctl");
    return 1;
}
memcpy(eh->ether_shost, ifr.ifr_hwaddr.sa_data, ETH_ALEN);
```

ioctl() 函数可用来获取本地网卡的 MAC 地址。ifr_name 字段表示网卡名称，SIOCGIFHWADDR 表示获取硬件地址，ifr_hwaddr 字段表示硬件地址。最后，memcpy 将获取到的 MAC 地址拷贝到以太网帧的源 MAC 地址字段中。

5）将数据包类型设置为 ARP

```
eh->ether_type = htons(ETH_P_ARP)
```

6）获取本机的 MAC 地址

```
strncpy(ifr.ifr_name, "eth0", IFNAMSIZ);
if(ioctl(sockfd, SIOCGIFHWADDR, &ifr) < 0) {
    perror("ioctl"); return 1;
}
```

7）指定网卡的名称为"eth0"，通过 ioctl() 函数获取本机网卡"eth0"的 MAC 地址

```
strncpy(ifr.ifr_name, "eth0", IFNAMSIZ);
```

8）将获取到的本机 MAC 地址复制到 eh－＞ether_shost 中，将其设置为数据包的源 MAC 地址

```
memcpy(eh->ether_shost, ifr.ifr_hwaddr.sa_data, ETH_ALEN)
```

9）填充 ARP 数据包头

```
arp->arp_hrd = htons(ARPHRD_ETHER);
arp->arp_pro = htons(ETH_P_IP);
arp->arp_hln = ETH_ALEN;
arp->arp_pln = sizeof(in_addr_t);
arp->arp_op = htons(ARPOP_REQUEST);
memcpy(arp->arp_sha, ifr.ifr_hwaddr.sa_data, ETH_ALEN);
```

arp_hrd 为硬件类型字段，arp_pro 为协议类型字段，arp_hln 为硬件地址长度字段，arp_pln 为协议地址长度字段，arp_op 为消息类型字段。

10）指定源 IP 地址和目标 IP 地址（以源 IP 地址为例）

```
struct in_addr ip;
inet_aton("192.168.1.1", &ip);
memcpy(arp->arp_spa, &ip, sizeof(struct in_addr));
```

11）发送 ARP 请求数据包—sendto()

```
if(sendto(sockfd, buffer, sizeof(struct ether_header) + sizeof(struct ether_arp), 0,
(struct sockaddr *) &device, sizeof(device)) < 0) {
    perror("sendto");
    return 1;
}
```

12）接收 ARP 应答数据包—recvfrom()

```
if (recvfrom(sockfd, buffer, BUFSIZE, 0, NULL, NULL) < 0) {
    perror("recvfrom()");
    close(sockfd);
    return 1;
}
```

13）打印接收到的 ARP 应答数据包中目标 IP 地址对应的 MAC 地址

```
printf("Source IP address: % s\n", inet_ntoa(* (struct in_addr *)&arp- > arp_spa));
printf("Source MAC address: % 02x:% 02x:% 02x:% 02x:% 02x:% 02x\n",
    arp->arp_sha[0], arp->arp_sha[1], arp->arp_sha[2],
    arp->arp_sha[3], arp->arp_sha[4], arp->arp_sha[5]);
```

14）关闭套接字

14.4.4 实验案例

在本实验中，我们使用两台主机，在其中一台上编写一个客户端程序，该程序会使用 ARP 协议进行扫描，从而获取主机信息。运行指令 ./arp，能够获得目标主机的信息，如图 14.12 所示。

```
Source IP address: 9.150.10.203
Source MAC address: 80:06:bc:77:23:f1
```

图 14.12　ARP 扫描

15 网络爬虫实验

网络爬虫是一种自动化程序,它通过模拟人类在互联网上的行为,自动抓取网络上的信息并将其整理成有用的数据。它能够自动地访问网页、解析 HTML 代码、提取有用的信息,并将信息存储到本地计算机或者数据库中等。网络爬虫是信息收集和数据挖掘的重要工具之一,被广泛应用于搜索引擎、电商数据分析、舆情监测等领域。

本章共设置了一个大实验分两步实现网络爬虫。在第一步中,我们通过 C 语言和套接字(socket)来构建网络爬虫;在第二步中,我们对爬取到的网页数据进行解析从而获得想要的内容。

15.1 实验目的

通过使用 socket 和 C 语言在主流操作系统上实现初步的网络爬虫,加深对网络爬虫爬取网页数据的具体细节的理解。具体而言,分为以下几点:学习如何在 C 语言中使用 raw socket,包括如何创建 socket、绑定地址、发送和接收数据等;学习 HTTP 协议的基本知识,包括 HTTP 请求和响应的格式、常见的 HTTP 方法(如 GET 和 POST)等;如何解析 HTML 文档,从中提取有用的信息。

15.2 实验基本原理

在开始实验之前,请注意:

网络爬虫是一种涉及网络安全的程序,因此应该谨慎使用。在使用网络爬虫之前,请确保你了解当前的法律法规,并遵守所有适用的规则。在编写和使用网络爬虫时,应该注意不要给网站造成过多的负载。应该设置合理的请求间隔时间,并尽可能减少请求的数量。

正确构建可用的网络爬虫需要熟悉以下知识点:

网页的三大特征:

①每一个网页都有一个唯一的 url(统一资源定位符),来进行定位;

②网页都是通过 HTML(超文本)文本展示的;

③所有的网页都是通过 HTTP<超文本传输协议>(HTTPS)协议来传输的。

1) 常用的 URL 格式

scheme://host[:port]/path/filename[query-string=value];其中:

• scheme:协议(例如:http, https, ftp);

• host:服务器的 IP 地址或者域名;

- port：服务器的端口（如果是走协议默认端口，缺省端口 80）；
- path：访问资源的路径；
- filename：文件名；
- query-string：参数，发送给 http 服务器的数据。

可以通过字符串处理的方式拆分出域名、端口，路径等与服务器地址有关的重要信息。

2）Robot. txt

Robots 协议：（也叫爬虫协议、机器人协议等），全称是"网络爬虫排除标准"（Robots Exclusion Protocol），网站通过 Robots 协议告诉搜索引擎哪些页面可以抓取，哪些页面不能抓取。关键字段包括：

- User-agent：识别爬虫的来源；
- Allow：允许爬取的目录；
- Disallow：不允许爬取的目录。

3）HTTP 协议

HTTP（超文本传输协议）是一种用于在 Web 服务器和 Web 浏览器之间传输数据的协议（见图 15.1）[66]。HTTP 是基于 TCP/IP 协议的应用层协议。它不涉及数据包（packet）传输，主要规定了客户端和服务器之间的通信格式，默认使用 80 端口。

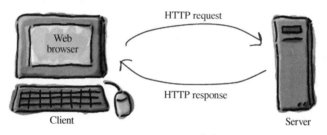

图 15.1　HTTP 协议[66]

历史上 HTTP 协议大致有以下主要版本：最早是 1991 年发布的 0.9 版，内容简单且只能回应 HTML 格式字符串；在之后 1996 年 5 月发布 HTTP/1.0 版本，内容大大增加；1997 年 1 月，HTTP/1.1 版本发布，进一步完善了 HTTP 协议，成为现在最流行的版本；2015 年发布了专注于性能的 HTTP/2；2018 年 HTTP/3 获得批准，正处于制定标准阶段。

HTTP1.0 中规定了浏览器与服务器之间的交互手段包括 GET 命令、POST 命令和 HEAD 命令。其他的新增功能还包括状态码（status code）、多字符集支持、多部分类型（multi-part type）、权限（authorization）、缓存（cache）、内容编码（content encoding）等。

对 HTTP 请求和回应的格式也有新的规定。除了数据部分，每次通信都必须包括头信息（HTTP header），用来描述一些元数据。

HTTPS：简单讲是 HTTP 的安全版，在 HTTP 协议的基础上加入 SSL 层（HTTP＋SSL）。SSL（Secure Sockets Layer 安全套接层）主要用于 Web 的安全传输协议，在传输层对网络连接进行加密，保障在 Internet 上数据传输的安全。

4）HTTP 请求头

HTTP1.0 请求样例，如图 15.2 所示。

```
GET / HTTP/1.0
User-Agent: Mozilla/5.0 (Macintosh; Intel Mac OS X 10_10_5)
Accept: */*
```

图 15.2　HTTP1.0 请求样例

如图:第一行为请求命令,须在尾部添加协议版本(HTTP/1.0)。之后是多行头信息,描述客户端的情况。客户端请求的时候,可以使用 Accept 字段声明自己可以接受哪些数据格式。上图中的 */* 表示客户端声明自己可以接受任何格式的数据,该字段与服务器回应消息中的 Content-Type 对应。

请求头的各参数含义:

(1) User-Agent:是客户浏览器的名称。

(2) Cookie:浏览器用这个属性向服务器发送 Cookie。

(3) Referer:表明产生请求的网页来自哪个 URL。

(4) Content-Type:POST 请求里用来表示的内容类型。

(5) Host:主机和端口号。

(6) X-Requested-With：XMLHttpRequest(表示是一个 Ajax 异步请求)。

(7) Connection (链接类型):表示客户端与服务连接类型

(8) Upgrade-Insecure-Requests:升级不安全的请求,意思是会在加载 HTTP 资源时自动替换成 HTTPS 请求。

(9) Accept:指浏览器或其他客户端可以接受的文件类型。

(10) Accept-Encoding:指出浏览器可以接受的编码方式。

(11) Accept-Language:指出浏览器可以接受的语言种类。

(12) Accept-Charset:指出浏览器可以接受的字符编码。

5) HTTP 响应头

HTTP1.0 的服务器回应样例,如图 15.3 所示。

```
HTTP/1.0 200 OK
Content-Type: text/plain
Content-Length: 137582
Expires: Thu, 05 Dec 1997 16:00:00 GMT
Last-Modified: Wed, 5 August 1996 15:55:28 GMT
Server: Apache 0.84

<html>
  <body>Hello World</body>
</html>
```

图 15.3　HTTP1.0 响应样例

如上图所示:

其中,第一行是"协议版本 + 状态码(status code) + 状态描述"。HTTP 状态码包括:

200—请求成功;

301—资源(网页等)被永久转移到其他 URL;

404—请求的资源(网页等)不存在;

500—内部服务器错误。

　　HTTP1.0 版规定,头信息必须是 ASCII 码,后面的数据可以是任何格式。因此,服务器回应的时候,需要必须告诉客户端,数据是什么格式,这就是 Content-Type 字段的作用;常见的 Content-Type 字段的值有:text/plain、text/html、text/css、image/jpeg、image/png、image/svg+xml、 audio/mp4、 video/mp4、 application/javascript、 application/pdf、application/zip、application/atom+xml 等。这些数据类型总称为 MIME type,每个值包括一级类型和二级类型,之间用斜杠分隔。

　　由于发送的数据可以是任何格式,因此可以把数据压缩后再发送。Content-Encoding字段说明数据的压缩方法。常见的压缩方法有:

　　Content-Encoding:gzip;

　　Content-Encoding:compress;

　　Content-Encoding:deflate。

　　客户端在请求时,也可以用 Accept-Encoding 字段说明自己可以接受哪些压缩方法。

　　HTTP1.1 版引入了持久连接(persistent connection),即 TCP 连接默认不关闭,可以被多个请求复用,不用声明 Connection:keep-alive。客户端和服务器发现对方一段时间没有活动,就可以主动关闭连接。不过,规范的做法是,客户端在最后一个请求时,发送Connection:close,明确要求服务器关闭 TCP 连接。因为持久连接的存在,Content-length字段在 HTTP1.1 版本是必需的;作用是声明本次回应的数据长度。告诉请求端,本次回应的长度是多少个字节,后面的字节就属于下一个回应了。在 1.0 版中,Content-length 字段不是必需的,因为浏览器发现服务器关闭了 TCP 连接,就表明收到了完整的数据包。

　　其余参数包括:

　　Cache-Control:must-revalidate, no-cache, private(是否需要缓存资源);

　　Connection:keep-alive(保持连接);

　　Date:Wed, 21 Sep 2016 06:18:21 GMT(服务器消息发出的时间);

　　Expires:Sat, 1 Jan 2000 01:00:00 GMT(响应过期的日期和时间);

　　Server:Tengine/1.4.6(服务器和服务器版本);

　　Transfer-Encoding:chunked 这个响应头告诉客户端,服务器发送资源的方式是分块发送的;

　　Vary:Accept-Encoding 告诉缓存服务器,缓存压缩文件和非压缩文件两个版本。

　　HTTP 使用文本格式的消息来传输数据,消息由请求和响应组成。请求消息由客户端发送,响应消息由服务器发送。请求消息包括请求方法(例如 GET 或 POST)、请求的资源(例如 URL)和请求的 HTTP 版本(例如 HTTP/1.1)。响应消息包括响应的 HTTP 版本、响应状态码(例如 200 OK)和响应的内容。为了提高效率,HTTP 允许客户端和服务器在连接之后保持连接,并在同一连接上进行多个请求/响应交换,这被称为持久连接。

　　6) Socket

　　Socket 是网络通信的一种基础机制,它提供了在两台计算机之间发送和接收数据的能力。Socket 允许应用程序使用标准的网络协议(如 TCP 或 UDP)发送和接收数据。Socket有两个端点:一个在客户端,一个在服务器端。客户端使用 Socket 向服务器端发送请求,服务器端使用 Socket 接收请求并返回响应。这两个端点之间的通信称为 Socket 连接。

7) C 语言常用 socket 函数[67-68]

在 Linux 和 MacOS 上写 socket 爬虫时,包含的头文件为＜sys/socket.h＞和＜netinet/in.h＞而在 Windows 上使用＜winsock2.h＞;其中的常用函数,如表 15.1 所示。

表 15.1　socket 常用库函数

函数	用途	参数
int socket（int domain, int type, int protocol）	用于创建一个 socket,返回一个 socket 文件描述符,如果创建失败则返回－1	domain 指定 socket 的地址类型; type 指定 socket 的类型; protocol 指定协议
int connect(int sockfd, const struct sockaddr ＊ addr, socklen_t addrlen)	用于连接到服务器,返回 0 表示连接成功,返回 －1 表示连接失败	sockfd 是 socket 文件描述符; addr 是一个指向 struct sockaddr 结构体的指针,包含服务器的地址信息; addrlen 是地址信息的长度
ssize_t send（ int sockfd, const void ＊ buf, size_t len, int flags）	send 函数用于向服务器发送数据,返回实际发送的数据的字节数,如果出现错误则返回－1	sockfd 是 socket 文件描述符; buf 是一个指向要发送的数据的缓冲区的指针; len 是要发送的数据的字节数; flags 指定发送数据的方式
ssize_t recv（ int sockfd, void ＊ buf, size_t len, int flags）	recv 函数用于从服务器接收数据,函数返回实际接收的数据的字节数,如果连接已关闭则返回 0,如果出现错误则返回 －1	同 send
int close(int sockfd)（Windows 对应的函数为 closesocket ,参数和用法一致）	用于关闭 socket,返回 0 表示成功,返回 －1 表示失败	sockfd 是要关闭的文件描述符

15.3　实验步骤

15.3.1　整体流程

使用 C 语言编写一个网络爬虫程序,程序流程如图 15.4 所示,步骤如下:

a. 分析网站,得到目标 URL;

b. 根据 URL,发起请求,获取页面的 HTML 源码;

c. 从页面源码中提取数据;

d. 提取到目标数据,做数据的筛选和持久化存储;

e. 从页面中提取到新的 URL 地址,继续执行步骤 b 的操作;

f. 爬虫结束:所有的目标 URL 都提取完毕并且得到数据,再也没有其他请求任务,此时意味着爬虫结束。

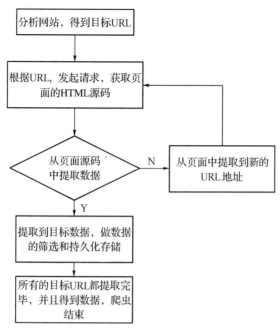

图 15.4 网络爬虫实验流程图

15.3.2 从服务器爬取信息

这部分实验将从零开始,使用 C 语言编写 socket 爬虫,最终实现连接到远程服务器、发送 HTTP 请求、输出服务器的响应等功能。

1) 配置头文件

根据所使用的操作系统,选择正确的头文件,以 MacOS 为例,这些头文件包含了用于创建 socket 和处理网络协议的函数和常量:

```
# include <stdio. h>
# include <stdlib. h>
# include <string. h>
# include <unistd. h>
# include <sys/types. h>
# include <sys/socket. h>
# include <netinet/in. h>
# include <netdb. h>
```

2) 创建 socket

使用 socket()函数创建 socket:

```
int sockfd = socket(AF_INET, SOCK_STREAM, 0);
if (sockfd < 0) {
    error("Error opening socket");
}
```

15.3.3 获取服务器信息

输入为 URL 时可以通过字符串处理的方式拆分出域名、端口,路径等与服务器地址有关的重要信息。通过处理 URL 可以得到域名,最终目的是找到服务器的 IP 地址。

域名仅仅是 IP 地址的一个助记符,目的是方便记忆,通过域名并不能找到目标计算机,通信之前必须将域名转换成 IP 地址。所以需要使用 gethostbyname() 函数将域名转化为 IP 地址;hostname 为主机名,也就是域名。使用该函数时,只要传递域名字符串,就会返回域名对应的 IP 地址。返回的地址信息会装入 hostent 结构体,该结构体包括以下成员:

h_name:官方域名(Official domain name),官方域名代表某一主页。

h_aliases:别名,可以通过多个域名访问同一主机。同一 IP 地址可以绑定多个域名,因此除了当前域名还可以指定其他域名。

h_addrtype:gethostbyname() 不仅支持 IPv4,还支持 IPv6,可以通过此成员获取 IP 地址的地址族(地址类型)信息,IPv4 对应 AF_INET,IPv6 对应 AF_INET6。

h_length:保存 IP 地址长度。IPv4 的长度为 4 个字节,IPv6 的长度为 16 个字节。

h_addr_list:这是最重要的成员。通过该成员以整数形式保存域名对应的 IP 地址。对于用户较多的服务器,可能会分配多个 IP 地址给同一域名,利用多个服务器进行均衡负载。

hostent 结构体变量的组成如图 15.5 所示。

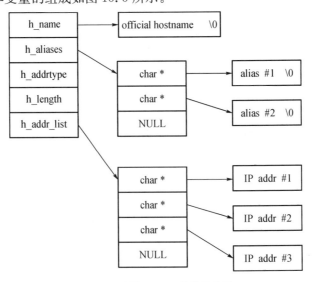

图 15.5　图解 hostent 结构体变量

使用 gethostbyname() 函数的示例代码:

```
struct hostent * server = gethostbyname(hostname);
if (server == NULL) {
    fprintf(stderr, "Error: no such host\n");
    exit(1);
}
```

初始化服务器地址结构体,结构体需要包含服务器的地址信息:

```
struct sockaddr_in server_addr;
    memset(&server_addr, 0, sizeof(server_addr));
    server_addr.sin_family = AF_INET;
    server_addr.sin_port = htons(port);
    memcpy(&server_addr.sin_addr.s_addr, server->h_addr_list[0], server->h_length);
```

使用 connect()函数连接到服务器：

```
if (connect(sockfd, (struct sockaddr * )&server_addr, sizeof(server_addr)) < 0) {
    error("Error connecting to server");
}
```

发送请求并接收响应：

（1）发送 HTTP 请求

构造 HTTP 请求报文，其中的 HTTP 版本可以自行选择。

```
char * request = "GET / HTTP/1.0\r\n\r\n";
int n = write(sockfd, request, strlen(request));
if (n < 0) {
    error("Error writing to socket");
}
```

（2）接收响应

```
char response[BUFFER_SIZE];
memset(response, 0, BUFFER_SIZE);
n = read(sockfd, response, BUFFER_SIZE - 1);
if (n < 0) {
    error("Error reading from socket");
}
```

15.3.4　输出服务器响应并关闭 socket

使用 printf 语句输出 response 的内容即为服务器响应内容。根据操作系统类型，Linux 和 MacOS 使用 close()函数，Windows 使用 closesocket()函数关闭 socket，结束本次会话。

以访问 www.baidu.com 为例，爬虫返回结果如图 15.6 所示，表示爬取成功。

```
Response from server:
HTTP/1.0 200 OK
Accept-Ranges: bytes
Cache-Control: no-cache
Content-Length: 9508
Content-Type: text/html
Date: Mon, 09 Jan 2023 08:33:47 GMT
P3p: CP=" OTI DSP COR IVA OUR IND COM "
P3p: CP=" OTI DSP COR IVA OUR IND COM "
Pragma: no-cache
Server: BWS/1.1
```

图 15.6　爬虫接收到的 HTTP Header

由返回结果的 HTTP Header 可知：使用的 HTTP 版本是 HTTP1.0、状态为 200 表示请求成功、返回的数据类型为 text/html、数据长度为 9508 字节等。

由于数据类型为 HTML，所以数据部分的内容如图 15.7 所示。

```
<!DOCTYPE html><html><head><meta http-equiv="Content-Type" content
="text/html; charset=UTF-8"><meta http-equiv="X-UA-Compatible" con
tent="IE=edge,chrome=1"><meta content="always" name="referrer"><me
ta name="description" content="全球领先的中文搜索引擎、致力于让网
民更便捷地获取信息，找到所求。百度超过千亿的中文网页数据库，可以瞬
间找到相关的搜索结果。"><link rel="shortcut icon" href="//www.baid
u.com/favicon.ico" t
```

图 15.7　爬虫接收到的数据部分

接下来就是处理 HTML 内容,提取出有用的信息。

15.3.5 使用浏览器查看网页结构

这部分实验的目的是在上一部分的基础上,将爬取到的 HTML 文件进行解析,按需求提取出关键数据信息。

以下是一段简单的 HTML 代码:

```
<! DOCTYPE html>
<html>
<head>
<meta charset="utf-8">
<title> example(xxx. com)</title>
</head>
<body>

<h1> 定义第一个标题</h1>

<p> 定义第一个段落。</p>

</body>
</html>
```

<! DOCTYPE html>将文档声明为 HTML5 文档,<html> 元素是 HTML 页面的根元素,<head> 元素包含了文档的元(meta)数据,如 <meta charset="utf-8"> 定义网页编码格式为 utf-8。<title> 元素描述了文档的标题,<body> 元素包含了可见的页面内容,<h1> 元素定义一个大标题,<p> 元素定义一个段落。

HTML 标签通常是成对出现的,比如 <b> 和 </b>;标签对中的第一个标签是开始标签,第二个标签是结束标签;开始和结束标签也被称为开放标签和闭合标签。

在从服务器获取数据的实验中,我们虽然获得了数据,但是数据的内容是 HTML 代码,而且没有缩进,无法直观地查看网页结构。

在浏览器中,可以使用 F12 快捷键打开浏览器的开发人员工具,进一步查看网页内容和结构;Edge 浏览器也可以通过"更多工具"→"开发人员工具"打开开发者工具。

本实验以经典的豆瓣电影 top250 排行榜为例,初始 URL 链接为:https://movie. douban. com/top250;通过前后翻页可以看到浏览器上 URL 链接的变化:

第 1 页:https://movie. douban. com/top250? start=0&filter=

第 2 页:https://movie. douban. com/top250? start=25&filter=

第 3 页:https://movie. douban. com/top250? start=50&filter=

第 10 页:https://movie. douban. com/top250? start=225&filter=

可以得出规律:start 参数控制翻页,start=25×(page-1);在实际设计爬虫时,可以根据规律循环生成待爬取的 URL 链接。

在浏览器中打开开发人员工具后可以看到该页面的 HTML 结构(见图 15.8),其中,只有 body 标签内的内容是在浏览器中可见的部分。

图 15.8　浏览器开发人员模式打开网页

从 body 标签逐级往下展开可以最终得到网页上每处细节位置对应的 HTML 文档中的位置,以电影《肖申克的救赎》为例逐级展开可以得到电影的导演名、主演名、播放链接、发行日期、国家、类型等有用的信息(见图 15.9)。

```
▼<body> === $0
    <script type="text/javascript">var _body_start = new Date();</script>
    <link href="//img3.doubanio.com/dae/accounts/resources/20e516e/shire/bundle.css" rel="stylesheet"
    type="text/css">
  ▶<div id="db-global-nav" class="global-nav">…</div>
  ▶<script>…</script>
    <script src="//img3.doubanio.com/dae/accounts/resources/20e516e/shire/bundle.js" defer="defer">
    </script>
    <link href="//img3.doubanio.com/dae/accounts/resources/20e516e/movie/bundle.css" rel="stylesheet"
    type="text/css">
  ▶<div id="db-nav-movie" class="nav">…</div>
  ▶<script id="suggResult" type="text/x-jquery-tmpl">…</script>
    <script src="//img3.doubanio.com/dae/accounts/resources/20e516e/movie/bundle.js" defer="defer">
    </script>
  ▼<div id="wrapper">
    ▼<div id="content">
        <h1>豆瓣电影 Top 250</h1>
      ▼<div class="grid-16-8 clearfix">
        ▼<div class="article">
          ▶<div class="opt mod">…</div>
          ▼<ol class="grid_view">
            ▼<li>
              ▼<div class="item">
                ▼<div class="pic">
                    <em class="">1</em>
                  ▶<a href="https://movie.douban.com/subject/1292052/">…</a>
                  </div>
                ▼<div class="info">
                  ▼<div class="hd">
                    ▶<a href="https://movie.douban.com/subject/1292052/" class="">…</a>
                      <span class="playable">[可播放]</span>
                    </div>
                  ▼<div class="bd">
                    ▼<p class="">
                        " 导演: 弗兰克·德拉邦特 Frank Darabont   主演: 蒂姆·罗宾斯 Tim Robbins
                        /..."
                        <br>
                        " 1994 / 美国 / 犯罪 剧情 "
                      </p>
```

图 15.9　在开发人员模式下手动查找关键信息的位置

15.3.6　提取 HTML 内容

对接收到的 HTML 文档的处理有多种方式,下面介绍四种常用的方式:

(1) 正则表达式

通过构造合适的正则表达式,使用 C 语言提供的正则表达式库(如 POSIX regex)从 HTML 文档中提取关键信息。常用的正则表达式如下:

- 只能输入汉字:"ˆ[u4e00−u9fa5],{0,}$";
- 验证 Email 地址:"ˆw+[−+.]w+)∗@w+([−.]w+)∗.w+([−.]w+)∗$";
- 验证 InternetURL:"ˆhttp://([w−]+.)+[w−]+(/[w−./?%&=]∗)?$";
- 验证电话号码:"ˆ((d{3,4})|d{3,4}−)?d{7,8}$"。

使用合适的正则表达式可以在复杂的文档中提取到重要的数据。

(2) XPATH

由于 HTML 是标记语言,与 XML 类似。这类语言可以通过 XPATH 确定唯一位置并查询。标记语言中,标签之间存在父子关系,这与系统文件路径类似,在标记语言中可以通过路径的方式唯一确定位置;以图 15.9 中的豆瓣电影为例:想要定位导演信息可以通过 XPATH 路径唯一定位到,路径为:

html/body/div[@id='wrapper']/div[@id='content']/div[@class='grid−16−8clearfix']/div[@class='article']/ol[@class='grid_view']/li/div[@class='item']/div[@class='bd']/p

通过 XPATH 查询信息就可以实现对关键内容的提取。在 C 语言中,使用 libxml2 和 htmlcxx 都可以用解析 HTML 文件。

(3) Class、id、href

HTML 元素可以设置属性,属性可以在元素中添加附加信息,HTML 链接由 <a> 标签定义。链接的地址在 href 属性中指定,例如:

<a href="http://www.example.com">这是一个链接</a>

此外,大部分复杂的 HTML 文档中的段落等标签使用 class 和 id 属性,class 为 html 元素定义一个或多个类名、id 定义元素的唯一 id。可以通过使用 C 语言的字符串操作函数从 HTML 文档中找到特定的标签和属性来提取关键信息。

(4) 调用库

C 语言里调用已有的成熟的解析库,比如:beautifulsoup,pyquery 等,这些库可以通过脚本或者其他语言封装成对应的函数,提供给 C 语言调用。

15.4　实验案例

在本实验中,通过完善爬取代码,增加请求头使爬虫可以爬取更多的网页。并对东南大学的主页进行爬取,使用正则表达式解析 HTML 内部数据,使用模板捕获网页中所有 href 标签:

< a. +? href= "(. +?)". * >

进一步使用 http 的正则表达式模板捕获东南大学主页的网络链接：

http[s]?://(?:[a-zA-Z]|[0-9]|[$-_@.&+]|[! *\(\),]|(?:%[0-9a-fA-F][0-9a-fA-F]))+

从而获得东南大学主页的全部链接数据：

```
['https://mail.seu.edu.cn/']
['http://my.seu.edu.cn/']
['http://xxgk.seu.edu.cn/']
['http://hjlp.seu.edu.cn']
['https://mp.weixin.qq.com/s/TTzakoOAc2yndjf6u1aKVw']
['https://mp.weixin.qq.com/s/TTzakoOAc2yndjf6u1aKVw']
['https://news.seu.edu.cn/2023/0320/c5486a438939/page.htm']
['https://news.seu.edu.cn/2023/0320/c5486a438939/page.htm']
['https://news.seu.edu.cn/2023/0319/c5486a438860/page.htm']
['https://news.seu.edu.cn/2023/0319/c5486a438860/page.htm']
['https://xcb.seu.edu.cn/ztwz/']
['https://xcb.seu.edu.cn/ztwz/']
['http://news.seu.edu.cn/']
```

16 时延测量实验

时延是指一个报文从一个网络的一端传送到另一端所需要的时间。根据时延的测量方法可分为单向时延和双向时延两种,单向时延是指从发送端发送数据包的第一个比特开始到接收端接收到数据包的最后一个比特结束所需要的时间,而双向时延指的是发送方发送数据包开始到发送方收到来自接收方的确认所需要的时间。因为通常收发双方主机时钟存在不同步,致使单向时延很难准确测量,所以本实验主要针对双向时延即往返时延(Round-Trip Time,RTT)。

当前的 RTT 测量主要有主动测量和被动测量两种方式,故本章共设置了两个实验,分别实现主动测量和被动测量。其中,实验 1 是基于 ICMP(Internet Control Message Protocol,因特网报文控制协议)报文分析的主动时延测量,利用主动通信的方式进行实时的时延测量,该方法最典型的实例就是 ping 命令,ping 命令是用于检查是否能正常连接网络上另一个主机系统的一个工具,执行 ping 命令后会显示出目标主机名、目标 IP 地址、返回给当前主机的 ICMP 报文顺序号、生存时间(Time To Live,TTL)和往返时间(RTT)(单位是毫秒);实验 2 是基于 TCP(Transmission Control Protocol,传输控制协议)报文分析的被动时延测量,通过 TCP 连接的建立(即 TCP 三次握手)过程中发起三次握手的 SYN 报文(丢包时则为所有 SYN 报文中的最后一个,后文称为 LAST-SYN 报文)和结束握手的第一个 ACK 报文(后文称为 FIRST-ACK 报文)之间的时间间隔估计 RTT。

16.1 实验 1:Linux 下基于 ICMP 协议的主动时延测量

16.1.1 实验目的

理解基于 ICMP 协议的主动时延测量算法,并在 Linux 环境下,利用 C 语言编写程序,实现主动时延测量。

16.1.2 实验基本原理

ICMP 协议是 TCP/IP 协议簇的一个子协议,其主要功能是用于传递 IP 主机、路由器之间的控制消息[60]。控制消息是指网络通与否、路由可不可以用、主机能否到达等网络本身的消息。尽管此类控制消息并不传输用户数据,但却在传递用户数据方面起着重要的作用。

ping 命令使用回显请求(Echo Request)和回显应答(Echo Reply)消息。其具体表现是通过发送 ICMP 报文给网络上的另一个主机系统,目标系统得到报文后把报文原模原样地发送回源系统。回显请求和回显应答消息的 ICMP 报文格式如图 16.1 所示。

0	7	15	31
类型(0或8)	代码(0)	校验和	
标识符		序号	
数据			

图 16.1　ICMP 报文格式

类型字段：0 表示回显请求报文，8 表示回显应答报文；

代码字段：两种报文代码字段均为 0；

校验和字段：整个 ICMP 数据包（包括数据在内）的校验和；

标识符字段：是 ICMP 报文的唯一标识，本实验使用程序的进程 ID 来作为标识符；

序号字段：ICMP 报文的顺序号；

数据字段：本实验中数据字段仅用于存储发送报文的时间戳，我们通过取出接收到的相应回显应答报文的数据字段（内容与回显请求报文的数据字段相同）中的发送时间戳，利用当前时间戳减去发送时间戳就可以得到报文往返时间（RTT）。

16.1.3　实验步骤

下面，我们用 C 语言编写一个基于 ICMP 的主动时延测量程序。这里按照顺序列出了其中的关键步骤。

1）整体流程

我们编写一个基于 ICMP 的报文来实现主动测量 RTT 的程序，程序流程如图 16.2 所示，简要步骤如下：

a. 判断输入为 IP 地址还是域名，若为域名则转换成对应的 IP 地址；

b. 将封装好的 ICMP 回显请求报文发送至目的 IP 地址；

c. 接收对方发回的 ICMP 回显应答报文并解包；

d. 判断回显请求报文和回显应答报文是否对应，若对应则计算并输出 RTT，若不对应则输出错误信息。

2）定义 ICMP 报文结构体

前面原理部分介绍的字段以结构体的形式定义，其中 timestamp 为时间戳。

```
struct icmp{
    UCHAR           type;       //类型
    UCHAR           code;       //代码
    USHORT          checksum;   //校验和
    USHORT          id;         //标识符
    USHORT          sequence;   //序号
    struct timeval  timestamp;  //时间戳
};
```

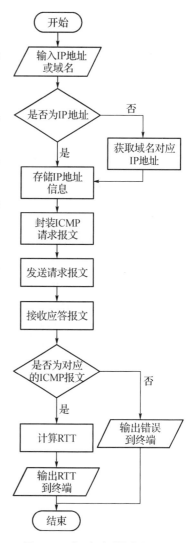

图 16.2　时延主动测量流程图

3）封包和解包

函数 pack()和 unpack()是用来封包和解包 ICMP 报文的。函数 pack()将要发送的 ICMP 报文的 type 字段设置成 ICMP_ECHO,code 字段设置成 0,id 字段设置成获取的进程识别码,sequence 字段设置成序号,timestamp 字段设置成当前时间戳,checksum 字段设置成计算出来的校验和,即将 ICMP 报文相关字段设置成 ICMP 回显请求报文样式。函数 unpack()用于提取接收到的 IP 报文中的 ICMP 回显应答报文,利用 IP 报文中的长度标志来越过 IP 首部,将指针指向 ICMP 回显应答报文。

```
void pack(struct icmp * icmp, int sequence){
    icmp->type =ICMP_ECHO;
    icmp->code = 0;
    icmp->checksum = 0;
    icmp->id = getpid();
    icmp->sequence = sequence;
    gettimeofday(&icmp->timestamp, 0);
    icmp->checksum = checkSum((USHORT * )icmp, ICMP_SIZE);
}
int unpack(char * buf, int len, char * addr){
    ......
    ip = (struct ip * )buf;
    //计算 IP 首部长度,即 ip 首部的长度标识乘 4
    ipheadlen = ip-> hlen << 2;
    //越过 IP 首部,指向 ICMP 报文
    icmp = (struct icmp * )(buf + ipheadlen);
    // ICMP 报文的总长度
    len -= ipheadlen;
    ......
}
```

4）发送 ICMP 回显请求报文和接收 ICMP 回显应答报文

系统函数 sendto()和 recvfrom()是用来发送和接收 ICMP 报文的。

函数 sendto()将 ICMP 报文发送至目的 IP 地址,其参数 sockfd 为生成的原始套接字,buff 为封装好的 ICMP 回显请求报文,nbytes 为 ICMP 回显请求报文的大小,flags 为 0,to 为目的 IP 地址信息的结构体,addrlen 为 to 指针的大小。

函数 recvfrom()接收目的 IP 地址发送回来的 ICMP 报文,其参数 sockfd 为生成的原始套接字,buff 为用于存储 ICMP 回显应答报文的指针,nbytes 为 buf 指向存储空间的大小,flags 为 0,from 为收到的报文的源 IP 地址信息的结构体,addrlen 为 from 指针的大小。

```
# include <sys/socket. h>
ssize_t sendto(int sockfd, const void * buff, size_t nbytes, int flags, const struct
sockaddr * to, socklen_t addrlen);
ssize_t recvfrom(int sockfd, void * buff, size_t nbytes, int flags, struct sockaddr *
from, socklen_t * addrlen);
```

5）计算 RTT

函数 timeDiff()是用来计算往返时延 RTT 的,其输入 begin 为 ICMP 回显应答报文的

timestamp 字段,end 为当前时间戳,两者时间差即为 RTT,并转换成毫秒(ms)返回。

```
float timeDiff(struct timeval * begin, struct timeval * end){
    int n;
    //先计算两个时间点相差多少微秒
    n = (end->tv_sec - begin->tv_sec ) * 1000000
        + (end->tv_usec - begin->tv_usec );
    //转化为毫秒返回
    return (float) (n /1000);
}
```

16.1.4　实验案例

本次实验案例目的是测量与 www.baidu.com 之间的网络时延,域名会在 gethostbyname()函数的作用下转换成 IP 地址(36.152.44.95),然后测量 5 次网络时延,运行结果如图 16.3 所示,测出的 RTT 在 6~8 ms,比较稳定,结果符合预期。

```
(base) zhaohangyu@zhaohangyu-virtual-machine:~/桌面/delay$ sudo ./icmp_rtt www.baidu.com
ping www.baidu.com (36.152.44.95) : 24 bytes of data.
24 bytes from 0.0.0.0 : icmp_seq=1 ttl=128 rtt=6ms
24 bytes from 36.152.44.95 : icmp_seq=2 ttl=128 rtt=6ms
24 bytes from 36.152.44.95 : icmp_seq=3 ttl=128 rtt=7ms
24 bytes from 36.152.44.95 : icmp_seq=4 ttl=128 rtt=6ms
24 bytes from 36.152.44.95 : icmp_seq=5 ttl=128 rtt=8ms
---  www.baidu.com ping statistics ---
5 packets transmitted, 5 received, %0 packet loss
```

图 16.3　主动时延测量运行结果

16.2　实验 2:Linux 下基于 SYN-ACK 方法的被动时延测量

16.2.1　实验目的

理解基于 SYN-ACK 方法的被动时延测量算法,并在 Linux 环境下,利用 C 语言编写程序,实现被动时延测量。

16.2.2　实验基本原理

本实验的目标是通过网络链路的被动测量来估计 TCP 连接经过该链路的往返时间 (RTT)。我们从一条链路的流量 trace 开始,然后通过 trace 中记录的连接的单向流量来测量每个 TCP 连接的 RTT。如果主机 X 和 Y 之间的 TCP 连接是由 X 主动发起的,即 X 发送了第一条 SYN 消息,则定义 X 为客户机,Y 为服务器。trace 中可能存在两个方向的流量,一种是从客户机到服务器的流量,另一种是从服务器到客户机的流量。

本实验的测量技术称为 SYN-ACK(SA)估计[69],适用于从客户机到服务器的所有 TCP 流。SA 估计技术需要跟踪一段时间内网络链路中流动的所有 TCP 流量。我们可以通过安装在相应链接上的被动测量点来采集 trace。trace 必须包括 IP 和 TCP 报头字段以及每个数据包的准确时间戳。对于每个被监视的 TCP 连接,trace 包括从客户机到服务器的流量和从服务器到客户机的流量。trace 可能不会同时记录这两个流量,这可能是因为两台主机之间的路由不对称,或者链路(或被动测量点)是单向的[70]。

　　本实验通过客户机与服务器 TCP 三次握手期间交换的数据包来估计 RTT。确切地说,TCP 三次握手开始于从客户机到服务器的 LAST-SYN 报文,结束于从客户机到服务器对应的 FIRST-ACK 报文。需要注意的是,因为从服务器到客户机的 SYN-ACK 数据包是以反向流的方式发送的,所以 trace 可能不包括该数据包。SA 估计的基本思想是通过客户机发送给服务器的 LAST-SYN 报文和 FIRST-ACK 报文之间的时间间隔来估计 RTT。这个时间段如图 16.4 所示。

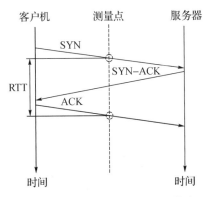

图 16.4　SYN-ACK(SA) 往返时延估计

　　SA 技术能够在满足以下三个条件时进行准确的 RTT 估计。第一,来自服务器的SYN-ACK 报文和来自客户机的 FIRST-ACK 报文的传输没有延迟。第二,SYN-ACK 报文在传输过程中不能丢失,并且来自客户机的 FIRST-ACK 报文在到达测量点之前不能丢失。第三,分别在客户机和测量点处测量,所得的 LAST-SYN 报文和 FIRST-ACK 报文之间的时间间隔大致相同,即在网络中引入的这两个报文之间的延迟抖动并不显著。尽管在很多情况下未必能同时满足这三个条件,但是 SA 技术能非常准确地测量大多数 TCP 流量的时延。

　　考虑到在三次握手过程中客户机到服务器的 TCP 流量可能存在超时重传的情况,如:客户机的 ACK 报文在到达测量点之前丢失,则 LAST-SYN 报文和 FIRST-ACK 报文之间的间隔可能包括超时重传。在这种情况下,我们会高估基于 SA 的 RTT。根据 RFC2988,初始超时重传 (RTO)应设置为 3 s[71]。尽管某些系统使用的初始 RTO 低至 1.7 s 或高至 6 s,但在大多数情况下 TCP 实现遵循 3 s 的要求[72]。当 SA 估计值大于 3 s 时,我们假定它包含一个初始 RTO 并丢弃它。这意味着可以用 SA 技术测量的 RTT 会被限制在 3 s 内。

16.2.3　实验步骤

　　下面,我们用 C 语言编写一个基于 TCP 协议的主动时延测量程序。这里按照顺序列出了其中的关键步骤,其中 csv 文件为根据第 5 章组流实验中的方法提取的数据包记录(字段:报文序号、时间、报文长度、32 位源 IP 地址、32 位目的 IP 地址、源端口、目标端口、协议、SYN 字段、ACK 字段、序列号字段、确认号字段)数据。

1）整体流程

我们通过 C 语言编写一个基于 SYN-ACK 方法来实现被动测量 RTT 的程序,程序流程如图 16.5 所示,简要步骤如下:

a. 读取并存储记录;

b. 判断记录是否已经读完,若已读完则结束流程,否则继续;

c. 依序读取一个记录并判断是否为 SYN 报文,若是则继续,否则跳转回步骤 b;

d. 判断剩余记录中是否有 ACK 报文,若有则继续,否则跳转回步骤 b;

e. 依序读取一个记录并判断是否为与 SYN 报文时间间隔在 3 s 内的相应 ACK 报文(源、目的 IP 地址相同,源、目的端口相同,序列号为 SYN 包序列号加 1),若是则继续,否则跳转回步骤 d;

f. 用 SYN 和 ACK 两报文时间戳之差计算 RTT 并输出到终端。

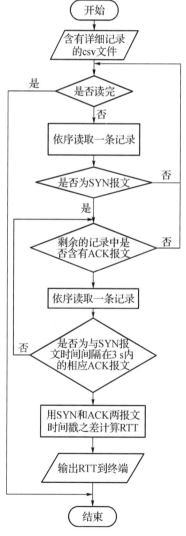

图 16.5　时延被动测量流程图

2) 定义存储 TCP 报文相关字段的结构体

将前面原理部分介绍的字段以代码形式进行定义,其中 timestamp 代表时间戳。

```
struct tcp_sa {
    int index;                          //报文序号
    unsigned long int timestamp;        //时间戳
    int len;                            //报文长度
    char * ipsrc;                       // 32 位源 IP 地址
    char * ipdst;                       // 32 位目的 IP 地址
    char * portsrc;                     //源端口
    char * portdst;                     //目标端口
    int protocol;                       //协议
    char * syn;                         // SYN 字段
    char * ack;                         // ACK 字段
    unsigned long long   seq_num;       //序列号字段
        unsigned long long   ack_num;   //确认号字段
};
```

3) 判断是否为 SYN 报文

以下代码段用于判断是否为 SYN 报文,若 protocol 字段为 6(即 TCP)、SYN 字段为 1 且 ACK 字段为 0,则为 SYN 报文。

```
if(tsa[i].protocol== 6){
    //若 syn= 1,ack= 0,即为发起连接的报文,则继续
    if((strcmp(tsa[i].syn,"1")==0)&&(strcmp(tsa[i].ack,"0")==0)){
    ……
    }
}
```

4) 判断是否为 ACK 报文

以下代码段用于判断是否为 ACK 报文,若 SYN 字段为 0,ACK 字段为 1,源、目的 IP 地址为 SYN 报文的源、目的 IP 地址,源、目的端口为发起 SYN 报文的源、目的端口,序列号字段为 SYN 报文的序列号字段加 1,则为相应的 ACK 报文。其中之所以要判断和 SYN 报文的时间差是否大于 3 s,是因为大于 3 s 则包含了超时重传,会导致对于 RTT 的过高估计。

```
//若超过 3 s 则结束本层循环
if((tsa[k].timestamp-tsa[i].timestamp)>=3000000)
{
    break;
}
// 判断是否为 ACK 报文
if((strcmp(tsa[j].syn,"0")==0) && (strcmp(tsa[j].ack,"1")==0) &&
(tsa[i].seq_num+1==tsa[j].seq_num) && (strcmp(tsa[i].ipsrc,tsa[j].ipsrc)==0) &&
(strcmp(tsa[i].ipdst,tsa[j].ipdst)==0) && (strcmp(tsa[i].portsrc,tsa[j].portsrc)=
=0) &&
(strcmp(tsa[i].portdst,tsa[j].portdst)==0)) {
    ……
    }
```

5）获取 RTT-get_rtt（）

用 SYN 和 ACK 两报文时间戳之差计算 RTT（单位为 ms），并以源 IP 地址、目的 IP 地址、RTT 的格式输出至终端。

```
//获取 RTT
rtt[len] = (float) (tsa[j].timestamp-tsa[i].timestamp)/1000;
printf("sounrce_ip:% s\tdestination_ip:% s\trtt:% .2f ms\n",\
tsa[i].ipsrc,tsa[i].ipdst,rtt[len]);
```

16. 2. 4 实验案例

运行代码对 packet.csv 文件进行处理，提取文件中 5 轮完整的 TCP 三次握手报文，测量往返时延（RTT），按照源 IP 地址、目的 IP 地址、RTT 的格式输出在终端上，运行结果如图 16.6 所示。RTT 不同是因为网络路径各节点的拥塞状态时刻都在动态变化。

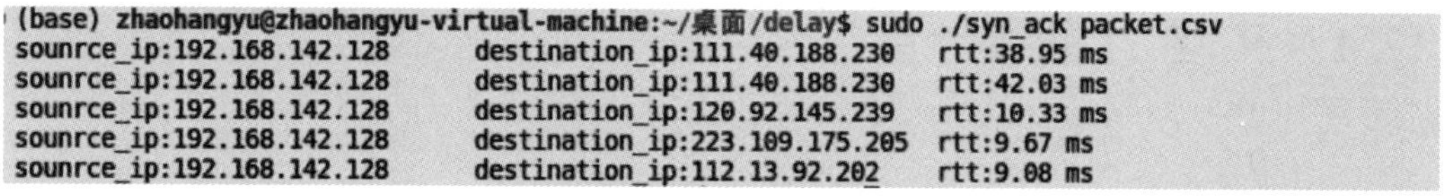

```
(base) zhaohangyu@zhaohangyu-virtual-machine:~/桌面/delay$ sudo ./syn_ack packet.csv
sounrce_ip:192.168.142.128        destination_ip:111.40.188.230      rtt:38.95 ms
sounrce_ip:192.168.142.128        destination_ip:111.40.188.230      rtt:42.03 ms
sounrce_ip:192.168.142.128        destination_ip:120.92.145.239      rtt:10.33 ms
sounrce_ip:192.168.142.128        destination_ip:223.109.175.205     rtt:9.67 ms
sounrce_ip:192.168.142.128        destination_ip:112.13.92.202       rtt:9.08 ms
```

图 16.6 被动时延测量运行结果

17　丢包测量实验

丢包率是指一段时间内丢失的数据包数量占所发送数据组的比率。丢包率与网络环境、数据包长度以及包发送的频率等很多因素存在关联。较低的丢包率往往代表着较好的网络性能。

在实验 1 我们通过主动向目的主机发送 ICMP 回显请求报文的方法测量丢包率。在实验 2 我们从 TCP 流中解析目标主机反馈的 ACK 报文的关键字段来被动测量发送端的丢包率。

17.1　实验 1：主动测量

17.1.1　实验目的

主动向目的主机发送指定数量的 ICMP 回显请求报文，统计接收到的回显应答报文数量从而计算丢包率。

17.1.2　实验基本原理

1）ICMP 报文封装

ICMP 回显请求报文是主机或路由器向一个特定的目的主机发送的询问。收到此报文的主机必须给源主机或路由器发送 ICMP 回显应答报文。利用这个协议，当我们发出请求报文，如果没有收到应答报文，就可以统计丢失的分组数量从而计算丢包率。ICMP 不是高层协议，它只是封装在 IP 数据包中，作为其中的数据部分，是 IP 层的协议。ICMP 报文格式如图 17.1 所示。

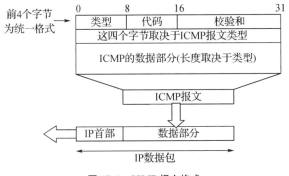

图 17.1　ICMP 报文格式

ICMP 头部只有三个固定字段，其余部分因消息类型而异。固定字段有类型（type）、代码（code）、校验和（checksum）。ICMP 报文的类型主要依靠 type，code 字段来区分。几种常见的 ICMP 报文类型如表 17.1 所示。在本实验中我们要用到的报文类型是回显请求与回显应答报文,它们对应的 type 以及 code 字段值如表 17.2 所示。回显报文除了固定字段,其余部分组织成 3 个字段:标识符(identifier),一般填写进程 PID 以区分其他进程;报文序列(sequence number),用于为报文编号;数据(data),可以是任意数据。按 ICMP 协议规定,回显应答报文会原封不动地回传这些字段。

表 17.1 ICMP 报文类型

ICMP 报文种类	类型值	ICMP 报文的类型
差错控制报文	3	终点不可达
	11	时间超时
	12	参数问题
	5	改变路由
询问报文	8 或 0	回送请求或回答
	13 或 14	时间戳请求或回答

表 17.2 回显报文 type、code 字段值

名称	类型(type)	代码(code)
回显请求	8	0
回显应答	0	0

2) 校验和的计算

ICMP 报文校验和字段需要自行计算,当接收方接收到我们发送的 ICMP 报文后会按照同样的方法对校验和字段进行核对,如果核对错误则将该数据包丢弃。校验和字段计算步骤如下:

(1) 将报文分成两个字节一组,如果总字节数为奇数,则在末尾追加一个 0 字节;

(2) 对所有双字节进行按位求和;

(3) 将高于 16 位的进位取出相加,直到没有进位;

(4) 将校验和按位取反;

另外值得注意的是在开始计算前需将原报文校验和字段设为 0,再按步骤计算。

17.1.3 实验步骤

下面,我们用 C 语言编写一个主动发送 ICMP 回显请求数据包并计算丢包率的程序。这里按照顺序列出了其中的关键步骤。

1) 整体流程

实验 1 主要流程如图 17.2 所示。我们用单进程来实现报文的请求与接收。每隔 1 s 发送一个请求报文,此次请求结束后直到下一次发送请求报文,程序都一直处于接收状态。如果在超时时间内没有接收到回显应答报文,那么丢包个数自增 1。程序尝试在超时时间内接收所有应答报文,之后会退出循环同时计算丢包率。

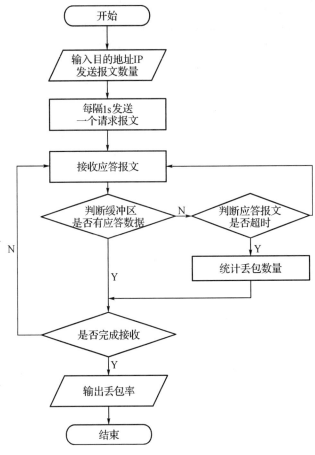

图 17. 2　实验 1 流程图

2) 定义 ICMP 回显请求报文结构体

将前面原理部分介绍的字段以代码形式进行定义,其中 sending_ts 代表发送时间戳。

```
struct __attribute__((__packed__)) icmp_echo
{
    // header
    uint8_t type;
    uint8_t code;
    uint16_t checksum;
    uint16_t ident;
    uint16_t seq;
    // data
    double sending_ts;
};
```

3) 时间戳与校验和的计算

其中 unsigned char * buffer 为指向 icmp_echo 结构体的 unsigned char * 指针,bytes 表示 icmp_echo 结构体所占字节数。值得注意的是在定义 icmp_echo 结构体时我们用 _attribute_((_packed_))作为修饰,目的是阻止编译器对结构体进行对齐优化。

```
double get_timestamp()
uint16_t calculate_checksum(unsigned char * buffer, int bytes)
```

4）发送回显请求报文

函数 send_echo_request 用来实现发送回显请求报文的功能,其中的 ident,seq 分别代表进程号和序列号,我们用这两个参数来填充 ICMP 的相应字段,然后通过 sendto() 系统调用来实现报文的发送。

```
int send_echo_request(int sock, struct sockaddr_in * addr, int ident, int seq)
{
    ......
    int bytes = sendto(sock, &icmp, sizeof(icmp), 0,
                        (struct sockaddr * )addr, sizeof( * addr));
    ......
}
```

5）接收回显应答报文

函数 recv_echo_reply 用来实现接收回显应答报文的功能,函数参数 sock 表示套接字标识符,ident 表示进程号。函数返回值 0 表示接收缓冲器无数据可读或者未查找回显应答报文;函数返回值 1 表示正确接收应答报文;函数返回值 -1 表示在超时时间内没有接收到应答,应答报文丢失。

```
int recv_echo_reply(int sock, int ident)
{
    ......
    int bytes = recvfrom(sock, buffer, sizeof(buffer), 0,
                            (struct sockaddr * )&peer_addr, &addr_len);
    if(缓冲区没有数据可读或未查找回显应答报文)
    {
            return 0;
    }
    eles if(超时时间内未收到应答)
    {
        return -1;
    }
    else{
        printf();
        return 1;
    }
}
```

17.1.4 实验案例

我们向 IP 为 8.8.8.8 的服务器发送了 6 个 ICMP 数据包,通过打印出的信息可以发现这六个数据包的响应数据包被按序接受,不存在丢失,丢包率为 0。

```
ldy@ldy-virtual-machine:~/loss_s$ gcc loss_czhu.c -w -o loss_czhu
ldy@ldy-virtual-machine:~/loss_s$ sudo ./loss_czhu 6 8.8.8.8
8.8.8.8 seq=1        77.86ms
8.8.8.8 seq=2        66.77ms
8.8.8.8 seq=3        68.79ms
8.8.8.8 seq=4        74.37ms
8.8.8.8 seq=5        70.91ms
8.8.8.8 seq=6        77.88ms
6 packets were sent in total, packet loss is 0.00
```

17.2　实验 2:被动测量

17.2.1　实验目的

从 pcap 文件中提取 TCP 会话相应字段的信息,通过被动测量方法得到丢包率。

17.2.2　实验基本原理

TCP 协议中的序列号用来标识源端向目的端发送的字节流,在没有丢包的情况下发送端会按照序列号递增的顺序发送数据报文。当发送端发送的序列号小于当前已经发送的最大序列号时,就证明之前发送的数据包或许因为丢失导致发送端重传。我们选择记录重传的数量来近似丢包的数量。当然这种近似是不准确的,原因在于数据报文的延迟到达和 ACK 报文的丢失都会导致冗余重传的发生。所以我们利用 TCP 协议中的 SACK 可选字段进一步统计冗余重传的数量,对丢包结果做更准确的估计。

1) TCP 固定头部格式如图 17.3 所示。

位0　　　　4　　　　8　　　　　　16	3
源端口(Source Port)	目的端口(Destination Port)
序列号(Sequence Number)	
确认序号(Acknowledgement Number)	

数据偏移量(Data Offset)	保留(Reserved)	控制标志(Control Flag)	窗口大小(Window Size)
校验和(Checksum)		紧急指针(Urgent Pointer)	
选项(Options)		填充(Padding)	

图 17.3　TCP 固定头部格式

- Source Port(16 bit):发送方使用的端口号;
- Destination Port(16 bit):接收方使用的端口号;
- Sequence Number(32 bit):序列号,发送数据的位置。每发送一次数据,就累加一次该数据字节数的大小;
- Acknowledgement Number(32 bit):确认序号,是指下一次应该收到的数据的序列号;

- Data Offset(4 bit)：数据偏移量，该字段表示 TCP 所传输的数据部分应该从 TCP 包的哪个位开始计算；
- Control Flag(8 bit)：控制标志也叫做控制位，每一位从左至右分别为 CWR、ECE、URG、ACK、PSH、RST、SYN、FIN；
- Options：选项字段用于提高 TCP 的传输性能。

2）Options 可选项

由于前文已经详细讲解 TCP header 中固定字段的含义，所以本实验重点讲解 TCP 可选字段 options。TCP 头部的最后一个选项字段（options）是可变长的可选信息。因为 TCP 头部最长是 60 字节，所以除去 TCP 的 20 字节固定头部长度，options 字段最多包含 40 字节。典型的 TCP 头部选项结构如图 17.4 所示。

kind(1字节)	length(1字节)	info(n字节)

图 17.4　TCP 头部选项

选项的第一个字段 kind 说明选项的类型，有的 TCP 选项没有后面两个字段，仅包含 1 字节的 kind 字段。第二个字段 length 指定该选项的总长度，该长度包括 kind 字段和 length 字段占据的 2 字节以及 info 的总字节数。第三个字段 info 是选项的具体信息，常见的 TCP 选项有 7 种，如图 17.5 所示。

kind=0						
kind=1						
kind=2	length=4	最大报文段长度				
kind=3	length=3	移位数(4字节)				
kind=4	length=2					
kind=5	length=8N+2	第一块左边界	第一块右边界	…	第N块左边界	第N块右边界
kind=8	length=10	时间赋值(4字节)		时间赋值显答(4字节)		

图 17.5　TCP 选项

在本实验中我们主要用到的是 kind＝4，kind＝5 的可选项。kind＝4 表示选择性确认（Selective Acknowledgment，SACK）选项。TCP 通信时如果某个 TCP 报文段丢失，则 TCP 会重传最后被确认的 TCP 报文段后续的所有报文段，这样原先已经正确传输的 TCP 报文段也可能被重复发送，从而降低了 TCP 性能。SACK 技术正是为改善这种情况而产生的，它使 TCP 只重新发送丢失的 TCP 报文段，而不用发送所有未被确认的 TCP 报文段。选择性确认选项用在连接初始化时，表示是否支持 SACK 技术。目前大部分 TCP 链接都默认支持 SACK 技术。

kind＝5 表示 SACK 实际工作的选项，该选项的参数告诉发送方本端已经收到并缓存的不连续的数据块，从而让发送端可以据此检查并重发丢失的数据块。每个块边沿（edge of block）参数包含一个 4 字节的序号。其中块左边沿表示已经收到的不连续块的第一个序号，而块右边沿则表示已经收到的不连续块的最后一个数据的序号的下一个序号。根据这些块信息，发送方就可以确定接收方具体没有收到的数据就是从 ACK 到最大 SACK 信息之间的那些空洞的序号。因为一个块信息占用 8 字节，所以 TCP 头部选项中实际上最多可以包含 4 个这样的不连续数据块。值得注意的是接收端总是会把最近一次接收到的数据块储存在靠近 length 字段的位置。

3) DSACK

在收到重复报文的时候,SACK 选项的第一个块(这个块也叫做 DSACK 块)可以用来传递这个重复报文的序列号,这个就是 DSACK(duplicate-SACK)功能。这样允许 TCP 发送端根据 SACK 选项来推测不必要的重传。进而利用这些信息在乱序传输的环境中执行更健壮的操作。这个 DSACK 扩展是与原有的 SACK 选项的实现相互兼容的。DSACK 的使用也不需要 TCP 连接的双方额外协商,只要之前协商了 SACK 选项即可。

对于 DSACK 值得注意的有以下四点:

- 一个 DSACK 块只用来传递一个接收端最近接收到的重复报文的序列号,每个 SACK 选项中最多有一个 DSACK 块。
- 接收端每个重复包最多在一个 DSACK 块中上报一次。如果接收端依次发送了两个带有相同 DSACK 块信息的 ACK 报文,则表示接收端接收了两次重复包。
- 和普通的 SACK 块一样,DSACK 块左边指定重复包的第一个字节的序列号,右边指定重复包最后一个字节的下一个序列号。
- 如果收到重复报文,第一个 SACK 块应该指定重复报文的序列号(这个 SACK 块也叫做 DSACK 块)。如果这个重复报文是一个大的不连续块的一部分,那么接下来的这个 SACK 块应该指定这个大的不连续块,额外的 SACK 块应该按照 RFC2018 指定的顺序排列。

当发送端接收到 SACK 报文的时候,要将第一个 SACK 块与这个 ACK 报文的 ack number 比较,如果小于等于 ack number 则说明是 DSACK 块,如果大于 ack number 则应该与第二个 SACK 块比较,如果第二个 SACK 块包含第一个 SACK 块,则说明第一个 SACK 块为 DSACK 块,如果上面两个条件都不满足说明第一个 SACK 块是普通的 SACK 块。

4) 计算丢包率

每当发送端发送一个数据报文,我们都去维护一个代表当前最大序列号的变量。发送端在正常情况下会按照 TCP 序列号从小到大的顺序发送数据报文,当发送端发生重传时当前发送的报文序列号一定是小于当前最大的序列号,我们用 retransmits 变量去记录发送端重传的数量。然而重传并不表示前一个发送的数据包一定丢失,所以单单用 retransmits 去代表丢失的数据包的数量是不那么准确的。原理部分我们讲到了 DSACK,它用来传递一个接收端最近接收到的重复报文的序列号。如果发送端接收到了反馈回来的 DSACK,那么我们就会知道 DSACK 所指示的那个数据包一定发生了重传。我们用 dup_xmits 变量来记录重传的冗余个数,由此我们估计的丢包个数=retransmits-dup_xmits。

17. 2. 3 实验步骤

下面,我们用 C 语言编写一个从 pcap 文件读取关键参数并且统计发送端丢包率的程序。这里按照顺序列出了其中的关键步骤。

1) 整体流程

实验 2 主要流程如图 17.6 所示。首先程序读入 pcap 文件并且从每一个 packet 中提取关键字段信息,主要包括五元组、序列号、确认号、SACK 块等关键信息。当程序读到的 packet 是发送端发送的数据报文,则去维护一个代表当前最大序列号的变量以及发送端发生重传的数量信息。如果程序读到的 packet 是发送端接收到的 ACK 报文,则根据是否存在 DSACK 字段去统计冗余重传的数量。程序循环结束后,通过公式丢包个数=重传数量－冗余重传数量,来估计丢包个数并且计算丢包率。

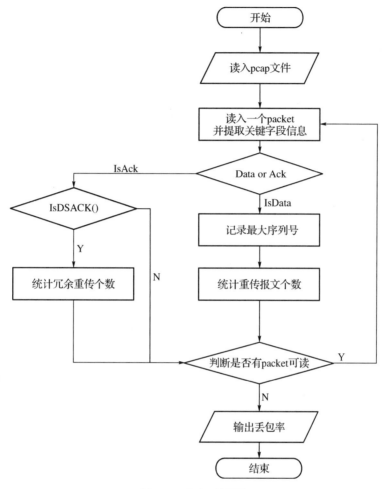

图 17.6 实验 2 流程图

2) 定义 Quintet 结构体

Quintet 结构体主要储存了报文的关键信息。我们利用 TCP 流五元组来判断当前报文是否属于我们所要提取的 TCP 流。序号、确认号、SACK blocks 等字段用于后续丢包率的计算。

```
typedef struct Sack_Edges
{
    u_int32 ledge; // SACK block 左边界
    u_int32 redge; // SACK block 右边界
} Sack_Edges;
typedef struct __attribute__((__packed__)) tcp_Tuple
{
    u_int32 SrcIP;    //源 IP 地址
    u_int32 DstIP;    //目的 IP 地址
    u_short SrcPort;  //源端口号 16 bit
    u_short DstPort;  //目的端口号 16 bit
```

```
    u_int8 Protocol;    //协议类型
} tcp_Tuple;
typedef struct Quintet
{
    tcp_Tuple TcpTuple;    // TCP 流五元组
    u_int32 SeqNum;        //序号
    u_int32 AckNum;        //确认号
    u_int16 payload;       //负载数据大小
    u_int8 Edges_Num;      // SACK blocks 个数
    Sack_Edges * Edges;    // SACK blocks
} Quintet;
```

3）确定报文类别

通过前面提到的 TCP 五元组来判断当前报文是属于 TCP 流中的发送报文还是接收报文。

```
u_int8 IsData(tcp_Tuple s1, tcp_Tuple s2)
u_int8 IsAck(tcp_Tuple s1, tcp_Tuple s2)
```

4）IsDSACK

当发送端接收到 SACK 报文的时候，我们需要判断 SACK 字段的第一个 block 是否为 DSACK 块。当第一个 block 的左边界小于等于 ack number 则说明它是 DSACK 块，如果大于 ack number 则应该与第二个 SACK 块比较，如果第二个 SACK 块包含第一个 SACK 块，则说明第一个 SACK 块为 DSACK 块。

```
if (quintet-> Edges != NULL)
{
    Sack_Edges * p = quintet->Edges;
    if (ntohl(p->ledge) < quintet->AckNum || (quintet->Edges_Num >= 2 && ntohl((p +
1)->ledge) <= ntohl(p->ledge) &&ntohl((p + 1)->redge) >= ntohl(p->redge)))
    {
        dup_xmits += 1;
    }
}
```

5）丢包率的计算

highdata 代表发送端发送的最大的序列号，retransmits 表示发送端的重传个数，dup_ xmits 代表发送端的冗余重传个数。我们遍历 pcap 文件中每一个报文，如果该报文为 TCP 流中发送端发送的数据报文，则维护当前发送的最大的序列号，当发送的序列号小于 highdata，retransmits 自增 1[73]。如果该报文为 TCP 流中发送端接收到的 ACK 报文，则判断当前报文是否携带 DSACK 字段信息，如果携带，那么 dup_xmits 自增 1。循环结束，丢包个数就等于重传个数减去冗余重传个数。

```
highdata = retransmits = dup_xmits = 0

for pkt in snd_trace:
    if pkt.IsData ():
        if pkt.SeqNo () > highdata:
            highdata = pkt.SeqNo ()
```

```
        else:
            retransmits += 1
    if pkt. IsACK ():
        if pkt. IsDSACK ():
            dup_xmits += 1
loss=(retransmits - dup_xmits) / total_data
```

17. 2. 4　实验案例

运行过程,如图 17.7 所示。

```
~/loss_s$ gcc -w loss_cbel.c -o loss_cbel
~/loss_s$ sudo ./loss_cbel packet_loss.pcap 10.11.44.137 52537 153.35.88.41 443
```

图 17.7　运行过程

我们要计算的是某一条 TCP 流的丢包率,运行程序时需要传入的参数有五个,分别为 pcap 文件路径 、发送端 IP 、发送端端口号、接收端 IP、接收端端口号。

运行结果,如图 17.8 所示。

```
13307 :retransmits
13308 :retransmits
13310 :retransmits
13311 :retransmits
13312 :retransmits
13314 :dup_xmits
13317 :retransmits
13318 :retransmits
13319 :retransmits
13320 :retransmits
13321 :retransmits
13322 :retransmits
13323 :dup_xmits
13326 :dup_xmits
13350 :dup_xmits
13351 :dup_xmits
13352 :dup_xmits
13353 :retransmits
13354 :dup_xmits
13355 :dup_xmits
13386 :dup_xmits
read over
packet loss is 0.059
```

图 17.8　运行结果

我们使用的实验数据是用户上传视频的 TCP 流信息,在终端上打印出了重传以及冗余重传的报文编号以及最后估计出来的丢包率 5.9%。感兴趣的同学可以对比 pcap 文件找到相应的 packet 作进一步分析。

18 带宽测量实验

网络带宽是指在一个单位固定的时间内能传输的最大数据量(以位(bit)为单位)。就好像高速公路的车道一样,网络带宽越大,车道越多。网络带宽作为衡量网络使用情况的一个重要指标,日益受到人们的普遍关注。它不仅是政府或单位制定网络通信发展策略的重要依据,也是互联网用户和单位选择互联网接入服务商的主要因素之一。

本章共设置了两个实验用于带宽测量。实验 1 中,我们通过变长分组算法(Pathchar)来测量带宽;实验 2 中,我们通过数据包对算法(Packet Pair)来测量带宽。

18.1 实验 1:基于变长分组算法的主动带宽测量(Pathchar)

18.1.1 实验目的

理解基于变长分组的 Pathchar 算法,并在 Linux 环境下,利用 C 语言编写程序,实现两点之间链路带宽的测量。

18.1.2 实验基本原理

Pathchar 测量算法[74]是由美国学者 Van Jacobson 于 1997 年 4 月提出的,算法通过向网络发送不同大小的测量分组,在发送端测量每个分组的 RTT(往返时延),根据分组大小与 RTT 变化的规律来推算出分组所通过链路的带宽。

我们用 T_i 表示分组到第 i 个节点的 RTT,S 表示测量分组的大小,v 为主动测量的链路的带宽,l_i 表示第 i 条链路,那么当 $i=2$ 时,有:

$$T_2 = \frac{2S}{v_1} + \frac{2S}{v_2} + \text{const}$$

式中,const 是一个依赖于 i 的常量,它是传播时延和排队时延的总和。在假设模型中我们假定测量时链路中无其他流存在,因此排队时延为零。于是有:

$$T_i = \sum_{j=1}^{i} \frac{2S}{v_j} + \text{const} = S \sum_{j=1}^{i} \frac{2}{v_j} + \text{const}$$

式中,对于特定的 v_i 可视 T_i 为 S 的线性函数,设 K_i 表示线性函数 $T_i(S)$ 的斜率,那么

$$K_i = \sum_{j=1}^{i} \frac{2}{v_j} \rightarrow K_i - K_{i-1} = \frac{2}{v_i}$$

所以

$$v_i = \frac{2}{K_i - K_{i-1}} \tag{18-1}$$

从式(18-1)中可知要想得到 v_i 首先必须求得 K_i。为得到 K_i,需要不断地向网络发送

大小不同的测量分组,在发送端测量每个分组的往返时延 T_i。这样,我们就得到了一系列的样本点 (S,T_i),通过 S 与 T_i 的线性关系,我们就可以根据这些样本点绘出一条直线,直线的斜率就是所求的 K_i,从而可进一步算出被测链路的带宽 v_i。

在实际测量过程中,被测链路中并不总是无其他流。即使在网络轻载的情况下测量也会受到一些干扰流的影响。因此该算法需要向网络发送大量的测量分组以取得尽可能多的 (S,T_i) 样本点来保证 K_i 的准确性,从而保证被测链路带宽 v_i 的精确度。所以 Pathchar 算法在测量链路 l_i 的带宽时首先发送 p 次大小为 n 字节(本次实验中 n 取 48 字节)的分组,然后再发送 p 次大小为 $2n$ 个字节的测量分组,然后再继续发送 p 次大小为 $3n$ 个字节的测量分组。如此反复,每种大小的测量分组以 n 个字节递增,并且在发送下一个测量分组之前必须收到前一个测量分组的应答。

在本次实验中,采用了连接在同一个手机热点的两台主机进行测量,其中一台作为客户机端主动发送数据进行测量,另一台作为服务器返回对应的数据。因此两台主机处于 1 跳的环境下,即此处 $i=1$,将公式

$$T_i = S\sum_{j=1}^{i} \frac{2}{v_j} + \mathrm{const}$$

$$K_i = \sum_{j=1}^{i} \frac{2}{v_j}$$

进行简化得到

$$T = \frac{2S}{v} + \mathrm{const} \tag{18-2}$$

$$K = \frac{2}{v} \tag{18-3}$$

因此在本实验中,将发送数据大小与对应的 RTT 进行线性拟合得到公式(18-2)所示直线的斜率,再根据公式(18-3)即可求出本环境中的带宽。

18.1.3　实验步骤

1) 整体流程

我们用 C 语言编写一个基于 Pathchar 算法的带宽测量程序,程序流程如图 18.1 所示,简要步骤如下:

a. 对数据包进行初始化,设置数据包大小为 n 字节;

b. 客户端发送数据包,接收服务器返回的数据包;

c. 客户端根据返回的数据包,计算 RTT,并更新该种包大小下的最小 RTT;

d. 判断是否发送 m 次,若已发送完 m 次,则继续,否则执行步骤 b;

e. 记录当前包大小对应的最小 RTT;

f. 判断以上步骤是否已完成 x 轮,是则继续,否则将发送数据增大 n 字节并执行步骤 b;

g. 将 x 个最小 RTT 进行线性拟合并根据拟合出的直线斜率求出带宽。

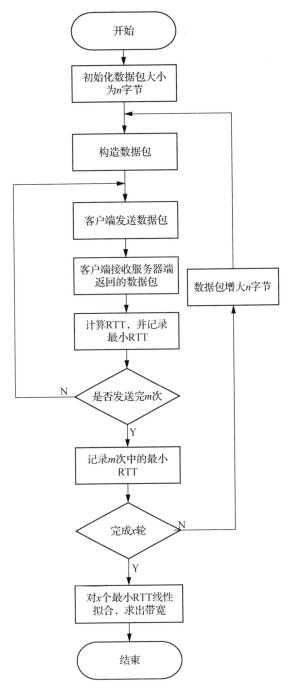

图 18.1　Pathchar 带宽测量算法实验流程图

2）发送时间的计算

发送时间是通过函数 getSendtime（）得到的，其单位为微秒（μs）。其中函数 gettimeofday（struct timeval ∗ tv,struct timezone ∗ tz）用于获取当前时间戳,gettimeofday（）会把当前的时间戳用 timeval 结构体返回。

```
void getSendtime()
```

```
{
    gettimeofday(&send_time,0);
    printf("% u  % u\n",send_time.tv_sec,send_time.tv_usec);
    udp_data.sendtime = 1000000 * send_time.tv_sec + send_time.tv_usec;
    return ;
}
```

3）构造数据包

构造数据包是通过 getBuff()实现的,它分别使用了 memset()和 memcpy()函数来对发送缓存进行清零与赋值。

memset()函数是 C 语言初始化函数,它的作用是将某一块内存中的内容全部设置为指定值,该函数通常用来为新申请的内存初始化。其原型为 extern void * memset(void * buffer, int c, int count)。buffer 为指针或是数组,c 是赋给 buffer 的值,count 是 buffer 的长度。

memcpy()函数用于复制内存块,从源内存地址的起始位置开始拷贝若干个字节到目标内存地址中。其原型为 void * memcpy(void * destin, void * source, unsigned n),即从源 source 中拷贝 n 个字节到目标 destin 中。

```
void getBuff()
{
    memset(send_buf,0x00,MAX_BUF_SIZE);  //初始化 send_buf
    memcpy(send_buf,&udp_data,sizeof(struct udp_packet));   //赋值 send_buf
……
```

4）客户端发送数据包

发包是通过 sendPacket()函数实现的。其中 sendto()函数适用于向一个指定的目的地发送数据,用于发送未建立连接的 UDP 数据包。

函数原型为 sendto(socket s, const char FAR * buf, int len, int flags, const struct sockaddr FAR * to,int tolen),其中:

s:一个标识套接口的描述字。

buf:包含待发送数据的缓冲区。

len:buf 缓冲区中数据的长度。

flags:调用方式标志位。

to:(可选)指针,指向目的套接口的地址。

tolen:to 所指地址的长度。

```
void sendPacket()
{
    if ((sendto(sockfd, send_buf, SENDSIZE, 0, (struct sockaddr * )&host_addr, sizeof
(host_addr)))< 0)
……
```

5）客户端接收数据包并计算 RTT

客户端可以通过函数 getRecvTime()实现接收数据包,以及 RTT 的计算。

客户端接收数据包是通过 recvfrom()函数实现的,它与 sendPacket()函数用法类似,原型为 int recvfrom(socket s,void ＊ buf,int len,unsigned int flags, struct sockaddr ＊ from,
int ＊ fromlen),其中:

　　s:标识一个已连接套接口的描述字。

　　buf:接收数据缓冲区。

　　len:缓冲区长度。

　　flags:调用操作方式,一般设置为 0。

　　from:(可选)指针,用来指定欲接收数据的网络地址。

　　fromlen:(可选)指针,指向 from 长度值。

　　客户端计算 RTT 之前首先需要通过 gettimeofday()得到客户端接收时间,然后使用接
收时间减去客户端的发送时间即可得到往返时延。

```
void getRecvTime(int num)
{
    int ret = recvfrom(sockfd, recv_buf,MAX_BUF_SIZE, 0, (struct sockaddr * ) &host_
addr,&len);
    if(ret > 0){
        printf("Received data from server! \n", recv_buf);
        gettimeofday(&recv_time,0);
        receive_time = 1000000 * recv_time. tv_sec +recv_time. tv_usec;
        time_diff =receive_time -udp_data. sendtime;
    }
    ......
}
```

18.1.4　实验案例

　　在本实验中,我们使用两台主机,其中一台作为客户端,IP 地址为 10.11.40.9,另一台
主机作为服务器,IP 为 10.11.38.131,监听的端口号为 6000。客户端和服务器运行的命令
分别为“./client 10.11.38.131 6000”和“./server 6000”。

　　首先,我们使用客户端向服务器发送数据,之后客户端会根据服务器返回的数据包实时
地计算出二者之间的 RTT,在每种大小的数据包发送完若干遍之后,统计出每种数据包的
平均往返时间,部分结果如表 18.1 所示。

表 18.1　部分数据大小与平均往返时延

数据大小/Byte	平均往返时延/μs
48	5 275
96	4 785
144	4 403
192	4 756
240	4 547
288	5 069
336	5 226

接着,我们根据每种数据包的大小以及平均 RTT 进行线性拟合,拟合出的直线如图 18.2 所示。

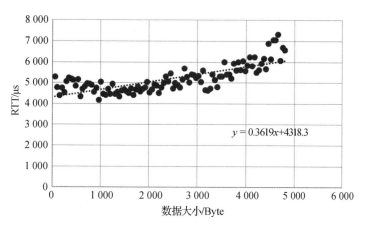

图 18.2 数据大小和往返时延线性图

最终,根据拟合出的直线的斜率与公式(18-3)得出链路带宽。此处的斜率为 0.3619,即 $K = 0.3619$,那么链路带宽 $v=42.16$ Mb/s,结果符合预期。

18.2 实验 2:基于数据包对算法的主动带宽测量(Packet Pair)

18.2.1 实验目的

理解基于 Packet Pair 的带宽测量算法,并在 Linux 环境下,利用 C 语言编写程序,实现两点之间链路带宽的测量。

18.2.2 实验基本原理

我们假设,发送源与目标对象之间由 N 条链路组成,若将两个长度都为 S 的分组从同一点沿相同方向发送到同一目标。这两个沿着相同方向运行的分组就被称为测量报文对,但这个过程的要求是十分严格的。两个分组的发送时间间隔必须很小,我们将报文对的接收时间间隔用 t 表示,也就是报文对的间隔时间。报文对在离开源端的时间间隔是可以计算的:

$$\Delta_0 = \frac{S}{C_0}$$

式中,C_0 是一个系数,表示发送源对报文对的发送速率。当报文通过了 i 个链路后就会有间隔时间,这个时间用 Δ_i 来表示,到达最终对象时的间隔时间用 Δ_n 来表示,而 C_i 表示的是第 i 个链路的容量,C_b 是最终的测量结果,即所测路径的瓶颈宽度。

传输过程中,在到达容量最小的节点之前;若第 i 段的带宽不大于第 $(i-1)$ 段的带宽,那么报文对在经过第 i 个节点的间隔时间则为:

$$\Delta_i = \frac{S}{C_i}$$

经过网络路径容量最小的节点以后,经过测量后报文对的间隔时间应该为 $\Delta_b = S/C_b$;在此后的传输中,报文对的间隔时间便稳定下来,一直保持 Δ_b 不变,最后到达接收的对象端(见图 18.3)。在接收端的时候我们可以轻易地测量出间隔时间

$$\Delta_n = \Delta_b = \frac{S}{C_b}$$

这样便可以准确地计算出测算路径的容量,如下式:

$$C_b = \frac{S}{\Delta_n} \qquad\qquad (18-4)$$

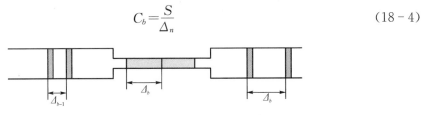

图 18.3　测量报文对通过瓶颈链路时间隔时间的变化

由前面可以看出,要想运用公式(18-2)进行计算,那么网络必须空载,即必须不受其他网络流的影响。然而,实际中网络是不可能出现空载情况的,在实际测量过程中受到其他因素的影响。因此,要从测算结果中筛选出没有受到网络负载影响的或者影响较小的部分,对其处理后,作为路径容量的测量结果。

在实验中,当发送的包较小时,会造成排队失败。排队失败指的是在瓶颈信道上报文对未发生排队等候处理现象。在本算法中,若未产生排队现象则会影响最终结果,因此要发送尽可能多的数据,这里每次发送 48 000 B 的数据。

计算方法:

(1) 首先整理实验中多次的包对收包间隔的平均值 Avg_interval(单位为微秒)。此处,接收间隔必须要严格大于发包间隔,结果才是有效的。

(2) 然后使用数据大小 Send_size 除以平均接收间隔 Avg_interval 得到带宽,并将单位转换为 Mb/s。

18.2.3　实验步骤

1) 整体流程

我们通过 C 语言编写一个基于 Packet Pair 的主动带宽测量算法,实验流程图如图 18.4 所示。简要步骤如下:

a. 为了避免排队失败现象,客户端构造符合条件的尽可能大的数据包;

b. 客户端按照设置好的时间间隔,分别发送两个数据包;

c. 服务器端接收数据包对,并计算接收间隔;

d. 服务器判断接收间隔是否小于发包间隔,若小于发包间隔,客户端减小发包间隔,并执行 a,否则继续;

e. 服务器统计接收间隔;

f. 客户端是否完成既定轮次,是则继续,否则执行 a;

g. 服务器端求出接收间隔的平均值并按照公式(18-4)求出带宽。

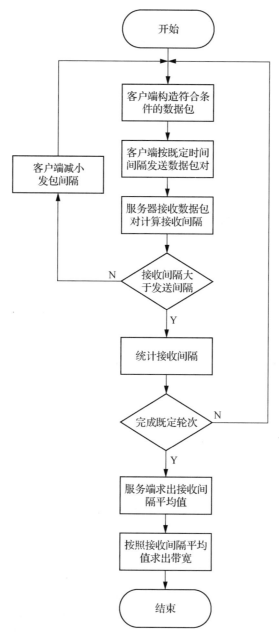

图 18.4　Packet Pair 带宽测量算法实验流程图

2）指定数据大小

为了避免排队失败，我们发送的数据量应该尽可能大，本次实验中分别取了48 000 B和60 000 B。

```
# define SENDSIZE 48000   //设置包大小和发送间隔以控制流量
```

3）计算发送时间

我们通过函数 getSendtime()计算发送时间戳以控制发送间隔，gettimeofday()函数已经在实验1部分提及。此外，如果服务器的接收间隔小于客户端的发送间隔，客户端需要及时调整包对的发包间隔。

```
void getSendtime()
{
    gettimeofday(&sendtimeval,0);
    printf("%u  %u\n",sendtimeval.tv_sec,sendtimeval.tv_usec);
    udp_data.sendtime = 1000000 * sendtimeval.tv_sec + sendtimeval.tv_usec;
    return;
}
```

4）构造数据包

我们通过 getBuff() 函数构造数据包。其中 memset() 函数和 memcpy() 函数已经在实验 1 部分提及。memset() 函数用于为新申请的内存初始化，memcpy() 函数用于复制内存块。

```
void getBuff()
{
    memset(sendbuf,0x00,MAX_BUF_SIZE);  //初始化 send_buf
    memcpy(sendbuf,&udp_data,sizeof(struct udp_packet));    //赋值 send_buf
    printf("packetsize is : %d\n",SENDSIZE);
    return;
}
```

5）客户端发送数据包

我们通过 sendPacket() 函数进行数据包的发送，其中 sendto() 函数已经在实验 1 部分提及。

```
void sendPacket()
{
    if ((sendto(sockfd, send_buf, SENDSIZE, 0, (struct sockaddr *) &host_addr, sizeof
(host_addr))) < 0)
……
```

6）计算平均时间间隔

服务器端计算平均时间间隔。通过函数 callInterval(int num) 来计算并打印每对发包的时间间隔，其中 num 为发包次数。通过将所有的时间间隔相加除以数据包对的个数得到平均时间间隔，其中统计间隔的时候需要剔除接收间隔小于发送间隔的包对。

```
void calInterval(int num) {
    if (num %2)
    {
        first_time = local_time;
    }
    else {
        sencond_time = local_time;
        time_diff = sencond_time - first_time;
        min_time = min_time > time_diff ? time_diff : min_time; //记录最小 time
        sum_time += (double)time_diff;      //记录时间差的和，用于后续计算平均时间差
        printf("Received interval: %ld\n", time_diff);
```

```
        //printf("% lf\n\n", sum_time);
    }
    return;
}
```

18.2.4　实验案例

我们使用两台主机,其中一台作为客户端主动发送包对,IP 地址为 10.11.40.9,另一台主机作为服务器端发送数据,IP 为 10.11.38.131 ,监听的端口号为 6000。客户端和服务器运行的命令分别为". /client 10.11.38.131 6000"和". /server 6000"。

首先,为了避免排队失败影响实验结果,应该发送尽可能大的数据。此处我们进行了两组实验,每组实验分别发送 48 000 B 和 60 000 B 的数据。客户端会实时输出发包的情况,部分输出结果如图 18.5 所示。

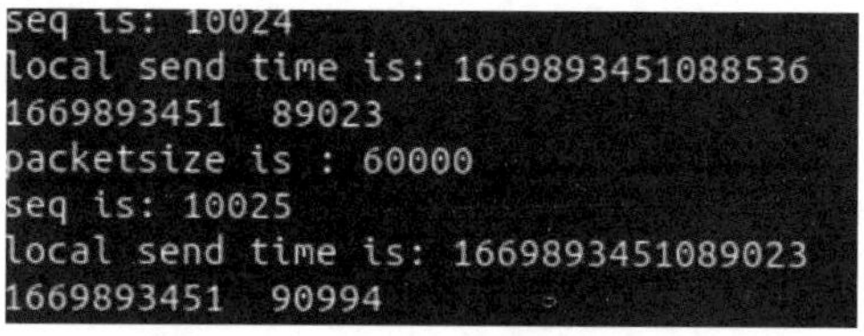

图 18.5　客户端部分输出结果

其次,服务器会实时反馈接收时间间隔信息,并最终进行统计,输出最小时间间隔和平均时间间隔,部分输出结果如图 18.6 所示。

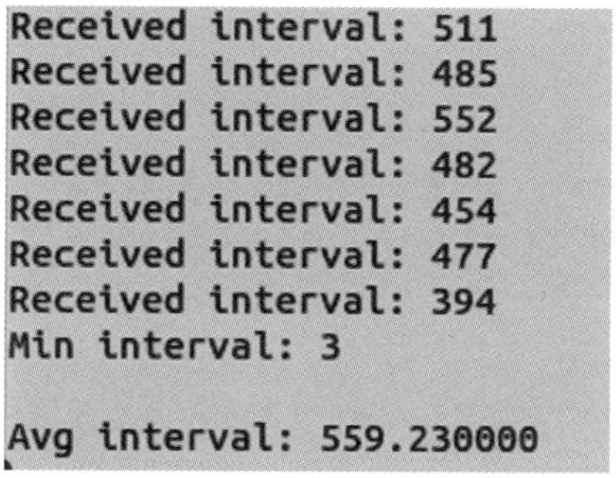

图 18.6　服务器部分输出结果

接着,本实验对两组发包大小分别进行了四次单独的实验。我们对两组实验的结果分别进行了处理和计算,其中,服务器端输出的平均时间间隔如表 18.2 所示。

表 18.2　两组实验的平均时间间隔

数据大小/Bytes	实验序号	平均接收间隔/μs
48 000	1	4 338.03
	2	4 411.88
	3	4 249.15
	4	4 170.14

数据大小/Bytes	实验序号	平均接收间隔/μs
60000	5	5 267.77
	6	5 319.80
	7	5 359.40
	8	5 160.11

最终,我们对每组实验的带宽分别进行计算。两组实验的最终计算结果相近,符合预期。此处,计算过程我们以发送数据大小为 48 000 B 的实验为例进行说明:

(1) 求出服务器接收间隔平均值:$(4338.03 + 4411.88 + 4249.15 + 4170.14)/4 = 4292.3(\mu s)$

(2) 求出链路带宽:$(48\ 000 \times 1\ 000\ 000)/(4292.3 \times 1024 \times 1024) = 10.66$ MB/s,合 85.32 Mb/s。

19 网络空间拓扑测量实验

网络空间拓扑测量,是通过获取某地域范围内数据在转发过程中所涉及的 IP 地址,并针对 IP 地址进行信息补充、聚类分析等数据分析操作,进而描绘出该地域范围的网络空间结构的技术。这一技术可用来描述某地域范围 IP 拓扑网络的整体分布情况,在网络安全、网络攻防等领域尤显重要。

19.1 实验目的

理解网络空间概念;并通过对某地域范围内全量 IP 进行路由探明,结合全球 IP 数据和 IP 基础信息数据对期间参与数据转发的 IP 进行信息填补,再针对 IP 及相关信息经过聚类分析,进而描述该地域数据转发的网络空间拓扑结构。

19.2 实验基本原理

19.2.1 网络空间路由 IP 探明

根据《计算机网络》相关知识可以知道,一次互联网通信中源 IP 和目的 IP 间的通信是需要多层路由 IP 进行转发完成的。因此,想要探明一个地域内的网络空间结构,首先需要定位该地域范围内 IP 及路由关系。

Traceroute 是一种常规的网络分析工具,用来定位到目标主机之间的所有路由,其工作原理(ICMP 协议)是利用 IP header 的 TTL 栏位进行路由发现,如图 19.1 所示。

通过对目标地域范围内尽可能多的 IP(IP 列表可通过开源信息获取)进行多次 traceroute 操作,进而获取本机 IP 和目标 IP 间的数据转发路由 IP 的情况。对获取到的 traceroute 数据进行数据清洗和数据标准化等操作,统计"trace 对"及 IP 出现次数作为权重维度参数,结合相应的 IP 信息(全球 IP 数据和 IP 基础信息数据)进行数据碰撞以补全 trace 间 IP 信息,进而实现对某一地域范围内网络空间内 IP 链路的描述。

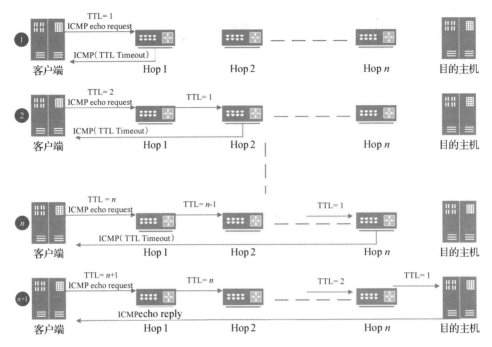

图 19.1　traceroute 示意图

19.2.2　IP 聚类分析

聚类分析是根据在数据中发现的描述对象及其关系的信息,将数据对象分组。其目的是依据研究对象(样品或指标)的特征,对其进行分类,以减少研究对象的数目。聚类分析中,各组内的对象相互之间是相似的(相关的),而不同组中的对象是不同的(不相关的)。组内相似性越大,组间差距越大,说明聚类效果越好。聚类与分类的不同在于,聚类所要求划分的类是未知的。

传统的统计聚类分析方法包括系统聚类法、分解法、加入法、动态聚类法、有序样品聚类、有重叠聚类、模糊聚类,以及采用 k-均值、k-中心点等算法的聚类等。本次实验中主要采用系统聚类法进行聚类分析法(见表 19.1)。

表 19.1　系统聚类部分常用方法

类间距离	公式	备注
最短距离法	$L(r,s)=\min\{D(X_{ri},X_{sj})\}$	r 和 s 表示两个类
最长距离法	$L(r,s)=\min\{D(X_{ri},X_{sj})\}$	
重心法	$D_C(C_i,C_j)=d(r_i,r_j)$	r_i、r_j 分别是类 C_i、C_j 的重心
类平均法	$L(r,s)=\dfrac{1}{n_r n_s}\sum\limits_{i=1}^{n_r}\sum\limits_{j=1}^{n_s}D(x_{ri},x_{sj})$	
离差平方法	$D_w(C_i,C_j)=\sum(x-r_i)^2+\sum(x-r_j)^2-\sum(x-r_{ij})^2$	

系统聚类法(hierarchical clustering method),又叫分层聚类法,是目前最常用的聚类分析方法。首先将 n 个样品分成 n 类,每个样品自成一类,然后每次将具有最小距离的两类合并,合并后重新计算类与类之间的距离,这个过程一直持续到将所有的样品归为一类为止。

其中常见的距离计算方式有:绝对值距离、欧氏距离、明氏距离、切比雪夫距离、马氏距离、兰氏距离、余弦距离等;常见的类间距离有:最短距离法、最长距离法、重心法、类平均法、可变类平均法、可变法、中间距离法、离差平方法等,此处不再进行详细介绍。

19.2.3　复杂网络参数

上文中提到,在对 traceroute 数据进行数据处理过程中会对 IP 出现次数统计,以作为权重维度参数。除此之外,还可引入"复杂网络"相关参数作为维度参数,以丰富聚类分析过程中的维度,常见复杂网络参数定义如下。

（1）度中心性（Degree Centrality）

度中心性是在网络分析中刻画节点中心性的最直接度量指标。一个节点的节点度越大就意味着该节点的度中心性越高,该节点在网络中就越重要。

节点的度中心性可以表示为:

$$C_d(v_i) = d_i = \sum_j A_{ij} \tag{19-1}$$

当需要比较不同网络中的节点的重要性或同时需要其他维度参与分析时,可对度中心性 d_i 的值进行归一化（N 表示节点 v_i 所属网络中节点的总数量）:

$$C'_D(v_i) = \frac{d_i}{N-1} \tag{19-2}$$

值得注意的是,在有向网络分析过程中度值可被分为入度和出度两个参数。

（2）介数中心性（Betweenness Centrality）

以经过某个节点的最短路径的数目来刻画节点重要性的指标就称为介数中心性（Betweenness Centrality,简称"介中心性"）。简言之,计算网络中任意两个节点的所有最短路径,如果这些最短路径中很多条都经过了某个节点,那么就认为这个节点的介中心性高。其中,节点的介数（betweenness）表示一个网络中经过该节点的最短路径的数量。在一个网络中,节点的介数越大,那么它在节点间的通信中所起的作用也越大。

具体地,节点 i 的介数表示为（σ_{st} 表示从节点 s 到节点 t 的最短路径的总数量,$\sigma_{st}(v_i)$ 表示这些最短路径中经过节点 v_i 的路径的数量）:

$$BC_i = \sum_{v_s \neq v_i \neq v_t, s<t} \frac{\sigma_{st}(v_i)}{\sigma_{st}} \tag{19-3}$$

（3）紧密中心性（Closeness Centrality）

紧密中心性也称接近中心性,与非中心节点相比,一个中心节点理应更快地到达网络内的其他节点。简言之,若某一节点到其他节点的最短距离都很小,那么它的接近中心性就相应较高。相比介中心性,接近中心性更能直观表示几何上的中心位置。紧密中心性需要计算一个节点到网络内其他所有节点的平均距离:

$$D_{\text{avg}} = \frac{1}{N-1} \sum_{j \neq i}^{n} g(v_i, v_j) \tag{19-4}$$

紧密中心性的值定义为这个平均距离的倒数:

$$D_c(v_i) = \left[\frac{1}{N-1} \sum_{j \neq i}^{n} g(v_i, v_j) \right]^{-1} = \frac{N-1}{\sum_{j \neq i}^{n} g(v_i, v_j)} \tag{19-5}$$

其中,N 表示节点 v_i 所属网络中的节点的总数量,$g(v_i, v_j)$ 表示节点 v_i 和 v_j 的最短距离(geodesic distance)。通常,一个具有较高中心性的节点比其他节点在整个网络中的地位更为重要。

【注】其他可丰富空间 IP 特征的合理参数也可作为聚类分析过程中的维度。

19.3　实验步骤

19.3.1　整体流程

网络空间拓扑测量实验流程如图 19.2 所示。简要步骤如下:

a. 通过开源渠道获取目标地域范围内的全球 IP 数据和 IP 基础信息数据;

b. 根据获取到的目标地域范围内的 IP,进行 traceroute 操作,获取网络空间路由 IP;

c. 撰写代码对获取的 traceroute 数据进行数据提取及数据统计,获得"trace 对"数据,并统计 IP 出现次数维度,进而与全球 IP 数据和 IP 基础信息数据进行数据碰撞,补全 IP 信息;

d. 对"trace 对"数据中的 IP 进行复杂网络维度计算(度中心性、介数中心性及紧密中心性),并进行数据归一化;

e. 将步骤 d 中数据进行聚类分析,编写代码或使用分析软件进行聚类分析操作,并生成聚类谱系图;

f. 分析聚类谱系图,得出具体聚类结果并进行数据观测;

g. 编写代码或使用绘图软件将数据观测结果绘制成网络空间拓扑图。

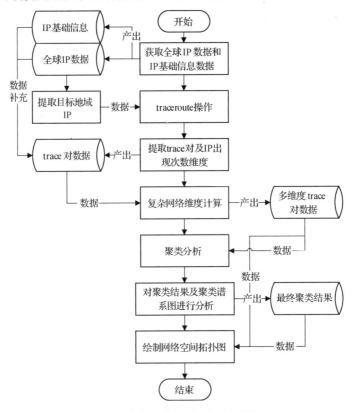

图 19.2　网络空间拓扑测量实验流程图

19.3.2　开源数据获取

全球 IP 数据和 IP 基础信息数据可通过开源渠道获取，由于 traceroute 操作过程中需要大量的 IP 路由探明，因此需要尽可能多地获取目标地域内的 IP，才会在最终绘制网络空间拓扑图的时候取得较为清晰的结果。

其中，全球 IP 数据可通过 APNIC 官网（apnic. net）、yqie(ip. yqie. com)等开源网站整理获取，其包括的主要字段一般如表 19.2 所示。

表 19.2　全球 IP 数据字段情况

字段名	中文名	数据类型	样例数据
IP	IP	String	49. 68. 73. 255
IP_attribution	IP 归属地	String	江苏省徐州市
Operator	运营商	String	中国电信

IP 基础信息数据可通过微步在线（x. threatbook. com）、埃文科技（ipplus360. com）等开源网站整理获取，其包括的主要字段一般如表 19.3 所示。

表 19.3　IP 基础信息数据字段情况

字段名	中文名	数据类型	样例数据
IP	IP	String	49. 68. 73. 255
IP_tag	IP 标签	String	住宅用户

19.3.3　traceroute 操作

traceroute 为 Linux 系统命令（对应命令在 Windows 下为 tracert）。一次 traceroute 操作的结果如图 19.3 所示。

```
                      traceroute -I -n -q 10 49.68.73.255
traceroute to 49.68.73.255 (49.68.73.255), 30 hops max, 60 byte packets
 1  11.66.200.193  0.392 ms  0.512 ms * * * * * * * *
 2  11.66.247.68  0.685 ms  0.924 ms  1.075 ms  1.215 ms  1.321 ms  1.419 ms 11.66.247.76  1.144 ms  1.150 ms  1.055 ms  0.921 ms
 3  * * * * * * * * * *
 4  10.200.46.89  1.230 ms  1.240 ms  1.290 ms  1.356 ms  1.431 ms  1.497 ms  1.569 ms  1.647 ms  1.713 ms  1.783 ms
 5  36.110.203.229  1.969 ms * * * * * * * * *
 6  36.110.246.1  4.372 ms  4.295 ms  4.230 ms  4.168 ms  3.979 ms  3.819 ms  3.815 ms  3.824 ms  3.842 ms  3.840 ms
 7  202.97.33.26  27.707 ms  27.723 ms  27.736 ms  27.744 ms  27.747 ms  27.000 ms  26.992 ms  27.021 ms  27.018 ms  27.552 ms
 8  61.147.1.162  32.843 ms  32.851 ms  32.861 ms  33.160 ms  32.661 ms  32.356 ms  32.900 ms * * *
 9  61.147.5.210  34.539 ms  33.970 ms  37.017 ms  37.048 ms  32.620 ms  32.633 ms  32.572 ms  32.968 ms  32.466 ms  32.914 ms
10  49.68.73.255  32.998 ms  32.874 ms  32.975 ms  32.976 ms  32.989 ms  32.999 ms  32.966 ms  32.978 ms  32.990 ms  32.982 ms
```

图 19.3　一次 traceroute 操作结果

可将目标 IP 按每行一个的规则写入 txt 文件，进而撰写 traceroute 操作 sh 代码，以便进行批量 traceroute 数据获取。

```
# ! /bin/bash
path=$ 1;
outfile=$ 1_traceroute;
if [ ! -d $ outfile ] ;then
        mkdir $ outfile
fi
function trace_one()
{
```

```
        traceroute-I-n-q 10 $ 1 > $ {outfile}/$ 1;
}
```

代码中,$ 1 变量在实际使用中对应存放目标 IP 的 txt 文件,进而可撰写 sh 代码对目标 IP 进行批量 traceroute 操作。

```
# ! /bin/bash
for name in 'ls';
do sh /home/trace.sh $ name;
done;
```

完成 traceroute 数据获取后可对其进行数据提取及数据统计,获得 trace 对数据,其包括的主要字段如表 19.4 所示。

表 19.4　IP 基础信息数据字段情况

字段名	中文名	数据类型	样例数据
Source_IP(区分 src_ip)	源 IP	String	49.68.73.255
S_count	源 IP 出现次数	Int	2215
Target_IP(区分 dst_ip)	目标 IP	String	11.66.200.193
T_count	目的 IP 出现次数	Int	1523

19.3.4　复杂网络维度计算

复杂网络维度——度中心性、介数中心性及紧密中心性计算,可以直接编写 Python 代码进行对应维度求取,可以按公式编写代码实现相应功能,也可调用开源数据包完成维度计算。

```
import networkx as nx
import pandas as pd
import csv

G = nx.DiGraph()

with open('/home/Dui.txt',encoding='utf-8') as ff:
    edger = csv.reader(ff)
    edges_all = [tuple(e) for e in edger][1:]

G.add_edges_from(edges_all)

ip, betweenness, degree, indegree, outdegree, closeness = [], [], [], [], [], []
# 介数中心性
b = nx.betweenness_centrality(G)
# 度中心性
d = nx.degree_centrality(G)
# 入度
ind = nx.in_degree_centrality(G)
# 出度
outd = nx.out_degree_centrality(G)
# 紧密中心性
c = nx.closeness_centrality(G)
```

19.3.5 相关软件——SPSS、IBM_i2

对于聚类分析,可以按聚类逻辑编写代码实现相应功能,也可以通过使用专业的数据分析软件完成此步骤,如 SPSS 软件。图 19.4、图 19.5 为通过 SPSS 完成系统聚类的操作示意图。

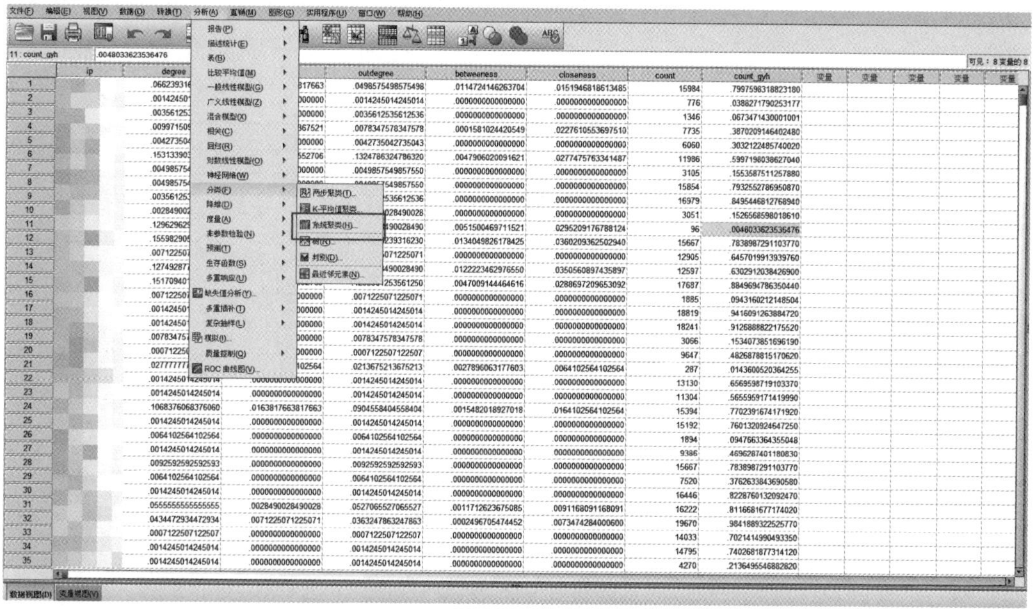

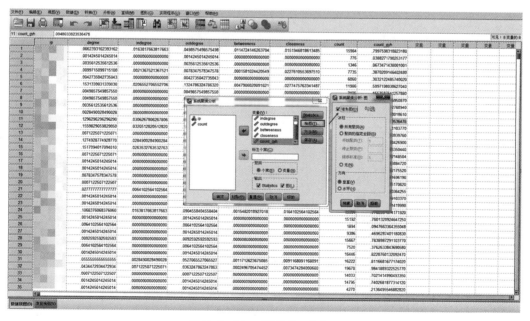

图 19.4 SPSS 系统聚类示意图-1

图 19.5 SPSS 系统聚类示意图-2

在完成聚类分析并观测聚类谱系图得到最终聚类结果数据后,需要针对数据进行最终的网络空间拓扑结构描绘,因此需将 trace 对数据以聚类分析数据为导向,编写代码以绘制相应网络空间拓扑图,也可以通过使用专业的数据分析软件完成此步骤。IBM_i2 的网络结构拓扑示意图,如图 19.6 所示。

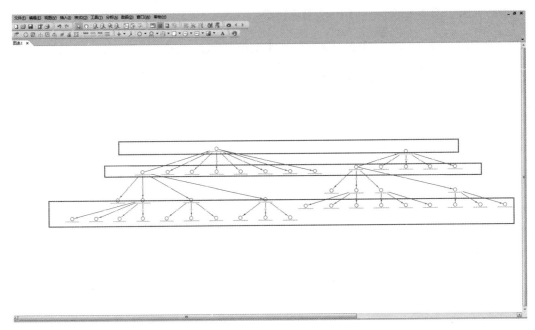

图 19.6　IBM_i2 网络结构拓扑示意图

19.4　实验案例

选取地域范围以江苏省徐州市为例，对徐州市全量 IP 进行 traceroute 操作并获取 trace 对数据后，所得数据样例如图 19.7 所示。

源IP	源IP出现次数	目的IP	目的IP出现次数
58.218.135.117	84872	61.147.33.65	12815
58.218.135.153	81888	61.147.1.161	14633
58.218.135.109	93110	61.147.33.65	12815
221.229.146.17	93110	221.229.234.49	12155
61.177.217.177	92579	61.147.33.69	12502
58.218.135.113	93157	61.147.33.69	12502
58.218.135.117	84872	61.147.33.69	12502
221.229.234.125	93154	61.147.33.65	12815
61.177.217.181	92589	61.147.33.69	12502
221.229.234.125	93154	61.147.33.69	12502
61.177.217.177	92579	61.147.33.65	12815
221.229.146.17	93110	221.229.234.57	12267

图 19.7　trace 对数据结果

将 traceroute 数据与全球 IP 数据和 IP 基础信息数据进行数据补充后，通过撰写 Python 代码计算复杂网络维度，在得到相应维度后可得 IP 数据如图 19.8 所示。

IP	度中心性	入度	出度	介中心性	紧密中心性	IP出现次数	归一化出现次数	运营商	IP标签
61.147.1.161	0.00804829	0.006036217	0.002012072	1.19E-05	0.00746508	14633	0.774635877	中国电信	基础设施
211.70.254.1	0.001341382	0.000670691	0.000670691	0	0	14011	0.77180684	教育部门	学校单位
61.147.33.65	0.007377599	0.005365526	0.002012072	1.16E-05	0.00657277	12815	0.765995493	中国电信	基础设施
61.147.33.69	0.00804829	0.005365526	0.002682763	8.09E-06	0.00657277	12502	0.764384967	中国电信	基础设施
221.229.234.57	0.00804829	0.005365526	0.002682763	5.78E-06	0.00657277	12267	0.76314906	中国电信	基础设施
221.229.234.49	0.00804829	0.005365526	0.002682763	5.78E-06	0.00657277	12155	0.762551676	中国电信	基础设施
221.229.234.97	0.007377599	0.005365526	0.002012072	9.14E-06	0.00657277	11588	0.759440364	中国电信	基础设施
58.218.135.149	0.238095238	0.004024145	0.234071093	1.38E-04	0.004024145	11411	0.758437859	中国电信	基础设施
221.229.234.53	0.007377599	0.005365526	0.002012072	4.20E-06	0.00657277	11291	0.75774931	中国电信	基础设施
221.229.237.249	0.007377599	0.005365526	0.002012072	4.94E-06	0.00657277	10928	0.755621003	中国电信	基础设施
61.147.33.61	0.00804829	0.005365526	0.002682763	7.04E-06	0.00657277	10868	0.75526242	中国电信	基础设施
61.147.33.57	0.010060362	0.006036217	0.004024145	2.61E-05	0.00746508	10772	0.75468455	中国电信	基础设施
221.229.237.253	0.006036217	0.005365526	0.000670691	1.26E-06	0.00657277	10464	0.752795158	中国电信	基础设施
221.229.235.249	0.006036217	0.005365526	0.000670691	3.15E-06	0.00657277	9894	0.749147057	中国电信	基础设施
221.229.234.229	0.006036217	0.005365526	0.000670691	1.58E-06	0.00657277	9754	0.748218881	中国电信	基础设施
61.147.33.13	0.006036217	0.005365526	0.000670691	1.58E-06	0.00657277	9554	0.74686954	中国电信	基础设施

图 19.8　目标地域 IP 详细数据情况

将包含多维度的 IP 信息数据通过 SPSS 软件进行聚类分析,并生成聚类谱系图,由于徐州 IP 数量众多,考虑到网络空间拓扑结构中骨干网的重要程度较高,因而筛选 count 值较高(阈值可根据目标网络空间的性质进行设定,本次实验中此阈值为 10)的 IP 进行分析,此操作可以使最终得到的网络空间拓扑结构更为明显。聚类得到的聚类谱系图如图 19.9 所示。

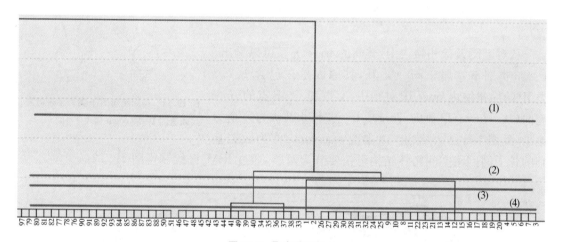

图 19.9　聚类谱系图-1

根据聚类谱系图的概念,上图中的纵坐标值表示"相对距离",选取不同的相对距离,可分别将众多 IP 聚类成不同的类别划分,如:图中(1)号线将所有 IP 聚类成 2 类(即 2 个交点);依此类推,(2)号线 3 类,(3)号线 4 类,(4)号线 5 类。为确定何种聚类结果中的类别最符合事实,采用二分法,即先选用较为适中的分类方法进行数据研究和比对,后续再对聚类进行调整。因此,先选用了(3)号线为分析目标,聚类情况如图 19.10 所示。

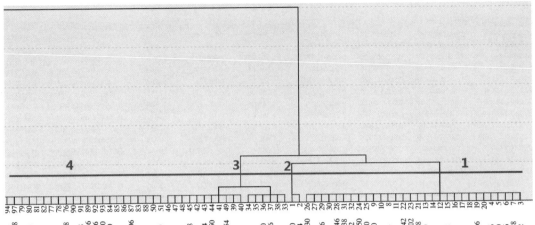

图 19.10　聚类谱系图-2

上图中,IP 被聚类为 4 类(从右至左 1～3 类中,分别有 31、2、16 个 IP),其中 1～3 类共计 49 个 IP,其中主要由基础设施构成,第 4 类则由基础设施、企业专线和数据中心等构成。提取包含相关点的 trace 对数据绘制类间流向图(该图同样可通过编写代码,或通过 IBM_i2 等软件生成)。

从对上图及徐州域内 IP 类间的 trace 关系可以看出,1、2、3 类别基本属于同一类 IP,其原因是在包含 1、2、3 类 IP 的徐州域内 trace IP 对当中,3 类 49 个 IP 点的 trace 流向(从 Source_IP 流向 Target_IP)基本可以认为完全为流出(见图 19.11)。综上,以本次 traceroute 作为数据基础的骨干网网络空间拓扑结构可主要分为两层,通过 IBM_i2 绘制得图 19.12。

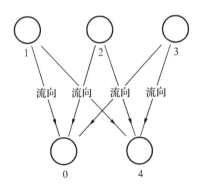

图 19.11　类间流向图(0 类表示未能满足阈值的 IP,即 count 值小于 10)

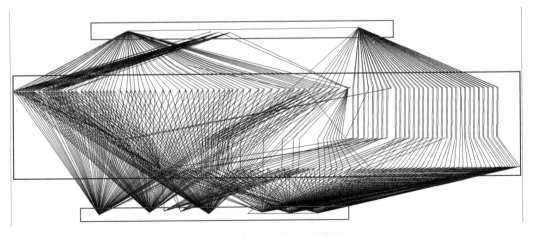

图 19.12　主干网网络空间拓扑图

上图中,上层和下层的 IP 为第一层,该层 IP 的 trace 方向基本为流出,可判断其为市级路由;中层的 IP 为第二层,该层 IP 的 trace 方向基本为流入,可判断其为县区级路由。其中从已知标签角度分析,IP 骨干网应主要由"基础设施"路由构成。由于此次实验中 IP 数量较多,如需进一步对整体网络进行拓扑结构探知,可尝试进行类内聚类迭代分析,也可通过多次 traceroute 补充 trace 链路数据的方法进行。

19.5　附录源码

Traceroute 源码:
Cycle_deal. sh

```
# ! /bin/bash
for name in 'ls';
do sh /home/trace. sh $ name;
done;
```

Trace. sh

```
# ! /bin/bash
    path= $ 1;
    outfile= $ 1_traceroute;
    if [ ! - d $ outfile ] ;then
            mkdir $ outfile
fi
function trace_one()
{
        traceroute - I - n - q 10 $ 1 > $ {outfile}/$ 1;
}
export - f trace_one;
export outfile
cat $ {path} | parallel - N 1 - - jobs 1000 trace_one {}
```

Trace 链路提取源码:
dealtrace. py

```
import pandas as pd
import time
import os
from itertools import groupby

def SaveRes(dir,data):
    with open(dir + "_struct_res. txt", 'a', encoding='utf-8') as f:
        f. write(data + '\n')

def StructTraceRouteRes(dir, file):
    print(file)
    lls = [l. strip() for l in open(os. path. join(dir,file),errors='ignore',encoding='
gb18030')]
```

```
    print(lls)
    # MaoDianIP
    elements = ["123.124.42.1"]
    for l in lls[1:]:
        print(l)
        elements.append(l.split("    ")[1])
    elementsNew = [x[0] for x in groupby(elements[::1])]
    elementsNew.insert(0, file)
    SaveRes(dir, '\t'.join(elementsNew))


if __name__ == "__main__":
    dir = r"/home/data"
    for file in os.listdir(dir):
        StructTraceRouteRes(dir,file)
```

复杂网络维度计算源码：

Dimension_Clac. py

```
from matplotlib import pyplot as plt
import networkx as nx
import pandas as pd
import csv

G = nx.DiGraph()

with open(r'/home/TraceDui.txt',encoding='utf-8') as ff:
    edger = csv.reader(ff)
    edges_all = [tuple(e) for e in edger][1:]


ip, betweenness, degree, indegree, outdegree, closeness = [], [], [], [], [], []
# 介数中心度
b = nx.betweenness_centrality(G)
# 度中心度
d = nx.degree_centrality(G)
# 入度
ind = nx.in_degree_centrality(G)
# 出度
outd = nx.out_degree_centrality(G)
# 紧密中心度
c = nx.closeness_centrality(G)

for v in G.nodes():
    ip.append(v)
    betweeness.append(b[v])
    degree.append(d[v])
    indegree.append(ind[v])
    outdegree.append(outd[v])
    closeness.append(c[v])


resultb = pd.DataFrame(data = {'ip':ip,'betweenness':betweenness})
resultd = pd.DataFrame(data = {'ip':ip,'degree':degree})
resultind = pd.DataFrame(data = {'ip':ip,'indegree':indegree})
```

```
resultoutd = pd.DataFrame(data = {'ip':ip,'outdegree':outdegree})
resultc = pd.DataFrame(data = {'ip':ip,'closeness':closeness})
resultall = pd.DataFrame(data = {'ip':ip,'degree':degree,'indegree':indegree,'
outdegree':outdegree,'betweenness':betweenness,'closeness':closeness})
resultall.to_csv(r'/home/TraceDui_result.txt',index=None)
```

20 基于主干网的特定报文采集实验

特定报文采集技术是通过特定规则配置对原始流量进行采集、过滤、转发的技术。在网络安全领域,通过采集特定网络流量来实时分析记录各类安全事件,已成为网络安全监测预警的一个重要渠道。当面向不断复杂化的电信业务控制和数据增值业务等新兴网络服务时,特定报文采集技术可以应用于主干网、大型局域网、运营商网络密集千兆链路或万兆链路的流量采集监控中,适应复杂的流量解析匹配和应用处理需求。

20.1 实验目的

理解报文采集的原理与基本流程,结合相关硬件设备,通过控制命令实现基于特定 IP、域名、关键词特征的报文采集。

20.2 实验基本原理

20.2.1 流量采集还原

流量采集还原技术是一项将网络流量采集、过滤、转发、还原的技术。原始的网络流量以二进制方式呈现,无法直接读取和应用,因此需要通过相关工具和技术采集所需网络流量,并将其捕获合并为完整的会话报文数据。报文(message)是网络中交换与传输的数据单元,即站点一次性要发送的数据块,报文中包含了将要发送的完整的数据信息,其长短各异,长度不限且可变。网络流量解析还原的过程,就是对二进制比特流中各个位置的字段进行提取和解析重组的过程。

20.2.2 负载均衡算法

在分布式系统中,为了实现系统的高性能、高并发、高可用,在构架中都会进行负载均衡设计,它是分布式系统的核心和中枢,负载均衡的好坏直接影响着整个系统的性能。常见的负载均衡算法包含以下 7 种:①哈希法(Hash);②轮询法(Round Robin);③加权轮询法(Weight Round Robin);④随机法(Random);⑤加权随机法(Weight Random);⑥平滑加权轮询法(Smooth Weight Round Robin);⑦最小连接数法(Least Connections)。

本设备支持的负载均衡算法有哈希法(按目的 IP 负载均衡;按源、目的 IP 对负载均衡;按源 IP、目的 IP、源端口、目的端口四元组负载均衡,按源 IP、目的 IP、源端口、目的端口和协议号五元组负载均衡)和轮询法。

1) 哈希算法分流

以目的 IP 哈希法为例,目的 IP 哈希法是根据请求目的地址,通过哈希函数计算得到的一个数值,用该数值对服务器列表的大小进行取模运算,得到的结果便是客服端要访问服务器的序号。采用目的 IP 哈希法进行负载均衡,同一目的 IP 的请求,当服务器列表不变时,它每次都会映射到同一台服务器进行访问。目的 IP 哈希法与权重没有关系,只与目的 IP 有关。

假设有 N 台服务器 $S = \{S_0, S_1, S_2, \cdots, S_{n-1}\}$,算法可以描述为:

(1) 通过指定的哈希函数,计算目的 IP 的哈希值;

(2) 对哈希值进行求余,底数为 N;

(3) 将余数作为索引值,从 S 中获取对应的服务器;

(4) 将哈希值写入到宿 MAC 地址,就可以利用交换机的 ARP 寻址功能进行流量转发。

哈希算法能够保持会话完整性,使得同一源宿主机和服务的报文能够转发到同一报文接收机上。另外,不同的采集器的交换口可以互连,解决报文非对称路由的问题。

2) 轮询法技术分流

轮询法是将请求按顺序轮流地分配到服务器上,它均衡地对待后端的每一台服务器,而不关心服务器实际的连接数和当前的系统负载。轮询法与服务器权重没有关系,每个服务器会被有序地轮询到。

假设有 N 台服务器 $S = \{S_0, S_1, S_2, \cdots, S_n\}$,算法可以描述为:

(1) 从 S_0 开始依次调度 $S_1, S_2, \cdots, S_n$;

(2) 若所有服务器都已被调度过,则从头开始循环调度。

轮询法能保证报文分配数量上的严格均衡,但是不能保证会话的完整性。

20.2.3　硬件组成介绍

FH-GW-C03-100G-JK 产品由机箱和各种板卡组成。机箱主要提供电源、背板及散热系统等。FH-GW-C03-100G-JK 由线卡 FH-GW-C03-100G-JK-AC4002、交换卡 FH-GW-C03-100G-JK-SF4800、主板 FH-GW-C03-100G-JK-SM2000、后 IO 卡 FH-GW-C03-100G-JK-RT4010 和 FH-GW-C03-100G-JK-RT4024 组成:

(1) 主板(FH-GW-C03-100G-JK-SM2000)

FH-GW-C03-100G-JK-SM2000 是一款基于 Intel Atom 处理器的 X86 板卡,提供 32 GB 内存,可用作 14 槽机箱主控板擎模块。

(2) ATCA 交换卡(FH-GW-C03-100G-JK-SF4800)

该硬件为多业务数据采集和分流平台烽火系列的交换卡(见图 20.1),可用作 14 槽机箱交换板,前面板提供 10 个 QSFP＋接口(可适配 100GE/40GE/4×10GE)。背板到每个节点板双向 100 GB 带宽,板卡具有 3.2 TB 的数据汇聚交换能力。首次登录系统时需要使用 Console 管理串口进行设备 IP、密码的配置,配置完成后使用 Base 管理接口登录进行配置操作。

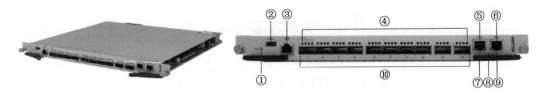

图 20.1　ATCA 交换卡实体图

交换卡设备接口、指示灯等名称及释义如表 20.1 所示。

表 20.1　交换卡设备接口、指示灯等名称及释义

硬件	序号	名称	释义	序号	名称	释义
交换卡	①	Reset	复位按钮	⑥	Base	Base 管理接口(10/100/1000M)
	②	USB	USB 2.0 接口	⑦	Power	电源指示灯
	③	Console	管理串口(RJ45)	⑧	H/S	热插拔指示灯
	④	A/L	100GE 接口状态指示灯	⑨	Status	系统状态指示灯
	⑤	CPU	CPU 管理接口(10/100/1000M)	⑩	100GE	100GE 接口,QSFP28

(3) ATCA 线卡(FH-GW-C03-100G-JK-AC4002)

ATCA 线卡(见图 20.2)是基于 ATCA 架构的前端应用承载板,其前面板无输入/输出接口,可搭配后 IO 卡扩展出 10 个 40GE/100GE 或者 40 个 10GE 接口,从而支持 100GE/10GE 数据流量的采集、分析、过滤和转发。ATCA 线卡基于开放式 ATCA 架构设计,提供高可靠性、可维护性和可扩展性。

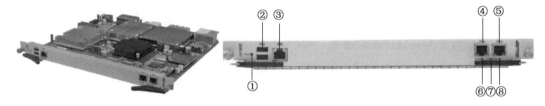

图 20.2　ATCA 线卡实体图

线卡设备接口、指示灯等名称及释义如表 20.2 所示。

表 20.2　线卡设备接口、指示灯等名称及释义

硬件	序号	名称	释义	序号	名称	释义
线卡	①	Reset	复位按钮	⑤	Base	Base 管理接口(10/100/1000M)
	②	USB	USB 2.0 接口	⑥	Power	电源指示灯
	③	Console	管理串口(RJ45)	⑦	H/S	热插拔指示灯
	④	CPU	CPU 管理接口(10/100/1000M)	⑧	Status	系统状态指示灯

(4) ATCA 后 IO 卡(FH-GW-C03-100G-JK-RT4010)

多业务数据采集和分流平台烽火系列的后 IO 卡(见图 20.3),可以和烽火系列产品的线卡配合使用,以扩展接口数量。后 IO 卡最多支持 10 个 100GE 端口(QSFP28),每个端口可以兼容 40GE 端口(QSFP+)或扩展成 4 个 10GE 端口(Breakout),提供 10 个 40GE 或 40 个 10GE 接口。

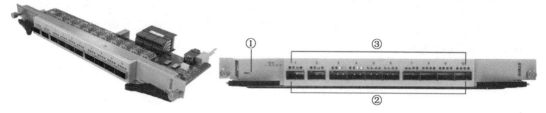

图 20.3 ATCA 后 IO 卡实体图

后 IO 卡设备接口、指示灯等名称及释义如表 20.3 所示。

表 20.3 后 IO 卡设备接口、指示灯等名称及释义

硬件	序号	名称	释义
后 IO 卡	①	Reset	复位按钮
	②	100GE	100GE 接口，QSFP28
	③	A/L	100GE 接口状态指示灯

(5) 板卡连接方式介绍

采集器内各板卡具体连接方式为：将线卡与后 IO 卡组合，扩展出 10 个 QSFP28 形式的接口；将多个交换卡(一般 4 个)组合形成交换网板；将线卡、后 IO 卡、交换网板通过主板(14 槽机箱主控板擎模块)连接，形成流量采集器。图 20.4 为采集器 ATCA 机箱图。

图 20.4 ATCA 机箱图

(6) 万兆光纤网卡

万兆光纤网卡为每秒 10 GB 通信量的网卡。光纤网卡采用 32/64 位 PCI 总线的网络接口卡，建立 PC 机或者服务器与交换机之间的连接。产品提供了光纤传输介质接口，32 或 64 bit/66 MHz 的 Compact PCI 总线接口真正支持高效的传输；集成化的通信控制芯片缓解了 CPU 数据处理的压力；此外还提供了 VLAN 标记、数据流优先级、电源管理等多种智能处理能力；同时丰富的驱动程序库支持多种操作系统平台。

一般计算机网卡都工作在非混杂模式下，此时网卡只接受来自网络端口的目的地址指向自己的数据。

混杂模式(Promiscuous Mode)，指一台机器能接收所有经过它的数据流，而不论数据流中包含的目的地址是否它自己，此模式与非混杂模式相对应。当网卡工作在混杂模式下

时,网卡将来自接口的所有数据都捕获并交给相应的驱动程序。网卡的混杂模式一般在网络管理员分析网络数据作为网络故障诊断手段时用到,同时这个模式也被网络黑客利用来作为网络数据窃听的入口。

在 Linux 操作系统中设置网卡混杂模式时需要管理员权限,通过控制命令配置网卡混杂模式。

```
ip addr list// 获取本地 IP
```

```
[root@bogon ~]#
[root@bogon ~]# ip addr list
1: lo: <LOOPBACK,UP,LOWER_UP> mtu 65536 qdisc noqueue state UNKNOWN group default qlen 1000
    link/loopback 00:00:00:00:00:00 brd 00:00:00:00:00:00
    inet 127.0.0.1/8 scope host lo
       valid_lft forever preferred_lft forever
    inet6 ::1/128 scope host
       valid_lft forever preferred_lft forever
2: ens33: <BROADCAST,MULTICAST,UP,LOWER_UP> mtu 1500 qdisc pfifo_fast state UP group default qlen 1000
    link/ether 00:0c:29:dc:75:ea brd ff:ff:ff:ff:ff:ff
    inet 192.168.1.101/24 brd 192.168.1.255 scope global noprefixroute dynamic ens33
       valid_lft 6684sec preferred_lft 6684sec
    inet6 fe80::870d:5b7c:883f:a78d/64 scope link noprefixroute
       valid_lft forever preferred_lft forever
3: virbr0: <NO-CARRIER,BROADCAST,MULTICAST,UP> mtu 1500 qdisc noqueue state DOWN group default qlen 1000
```

```
ip link set ens33 promisc on      //开启混杂模式
ifconfig ens33                    // 确认混杂模式是否开启(有 PROMISC 即已开启)
```

```
[root@bogon ~]# ifconfig ens33
ens33: flags=4419<UP,BROADCAST,RUNNING,PROMISC,MULTICAST>  mtu 1500
        inet 192.168.1.101  netmask 255.255.255.0  broadcast 192.168.1.255
        inet6 fe80::870d:5b7c:883f:a78d  prefixlen 64  scopeid 0x20<link>
        ether 00:0c:29:dc:75:ea  txqueuelen 1000  (Ethernet)
        RX packets 1343  bytes 937364 (915.3 KiB)
        RX errors 0  dropped 0  overruns 0  frame 0
        TX packets 3130  bytes 210528 (205.5 KiB)
        TX errors 0  dropped 0  overruns 0  carrier 0  collisions 0
```

注: 在 Windows 环境下启动 Wireshark 听包时网卡自动开启混杂模式。

20.3 实验步骤

20.3.1 整体流程

基于主干网的特定报文采集实验流程如图 20.5 所示,简要步骤如下:

a. 100 GB 光纤接入到采集器。

b. 根据分流需求,通过控制命令实现相关输出端口参数、分类规则、分流策略(如 Hash、Round_robin)等配置,具体配置如下:

（ⅰ）配置需要使用的端口参数,使这些端口与其相连端口的参数相匹配,以保证端口间数据采集正常;

（ⅱ）分配业务输出端口,将端口分配到输出端口组。输出端口必须首先被分配给某个业务,数据过滤转发行为需要针对数据输出端口组配置;

（ⅲ）配置分类规则,即对数据包进行分类,使每一种分类的数据包具有唯一的分类标识；

（ⅳ）配置转发，为已经确定了分类标识的数据包指定转发行为，包括过滤、复制、负载均衡转发等；

（ⅴ）保存配置信息，否则设备重启后，配置信息将会丢失。

c. 多个线卡通过交换网背板提供的交换网进行报文交换，将过滤匹配后的数据包从某个/些指定的 XGE 端口输出。

d. 通过万兆光纤网卡（启用混杂模式），建立采集器与报文接收机之间的连接，报文根据指定的业务输出端口规则结合 ARP 表传输到对应 MAC 的报文接收机。

e. 报文接收机上配置 tcpdump 或 Wireshark 报文侦听，获取过滤后的相应业务报文数据。

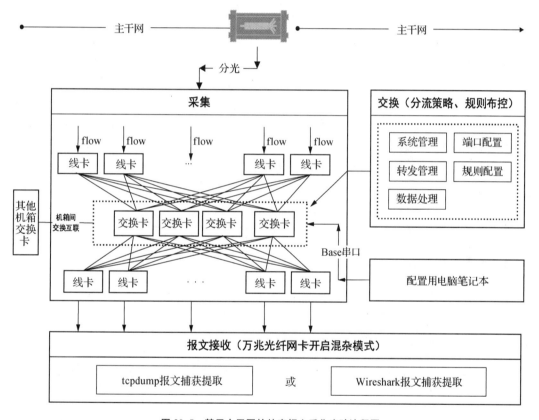

图 20.5 基于主干网的特定报文采集实验流程图

20.3.2 系统管理

当用户对 FH-GW-C03-100G-JK 进行本地访问时，需要连接到 FH-GW-C03-100G-JK-SM2000，FH-GW-C03-100G-JK-SM2000 是主控软件的承载，负责控制系统内所有的板卡。可以使用 Windows 超级终端或者 Linux 的 Minicom 等串口终端来管理和配置系统。终端上的串口设置为：

Baud rate·········· 38400

```
Data bits········· 8
Parity··············None
Stop bits········ 1
Flow Control··· None
```

通过系统管理功能检查板卡等参数信息、配置 ARP 表中报文接收机的 MAC 地址等。FH-GW-C03-100G-JK 产品的系统管理功能,主要包括配置的查看、ARP 表修改等功能,具体命令及功能介绍如下所示,slot_id 为槽位号(可选参数)。相关命令需要在管理用户访问界面使用。

```
show system              // 显示系统信息
show slot [slot_id] info // 显示板卡信息
arp show                 // 查看 ARP 表项
arp add < ip> < mac>     // 添加 ARP 表项
arp delete < ip>         // 删除 ARP 表项
```

为每个业务用户分配各类规则资源,用于后续规则配置。entry_num 是指分配给业务用户规则资源的表项数目。user_id 是指业务用户的表示方式,为 1～4 中的一个,取值 1～4,分别代表 user1～user4。type 是指分配给业务用户规则资源的类型:no_mask 不带掩码五元组规则资源;mask_ipv4:带掩码 IPv4 规则资源;mask_ipv6:带掩码 IPv6 规则资源;ud:特征码规则资源;compound_ipv4:IPv4 复合规则资源;compound_ipv6:IPv6 复合规则资源;entry_num:分配给业务用户规则资源的表项数目。本实验规模较小,因此这里默认采用用户 user1。

```
alloc user < user_id> rule type < type> entrynum < entry_num>
```

20.3.3　端口配置

配置接入数据链路端口相关参数,查看端口状态。端口配置主要包括配置输入端口相关参数、端口状态等,相关命令需要在管理用户访问界面使用。其中 interface_list 为端口,up、down 为上、下行;s 为槽位号,m 为模块号,i 为端口号。

```
set interface < interface_list> direction {up|down}   // 配置接入数据链路
show interface < s/m/i> status                        // 查看端口状态
```

20.3.4　规则配置

根据流量采集需求,基于特定的 IP、域名、关键词特征进行报文采集规则管理与配置。采集器(FH-GW-C03-100G-JK 系列产品)的规则配置功能,主要包括向转发输出组中添加、删除输出端口,以及过滤转发规则的添加、删除和查询,此命令可以在业务用户和管理员用户访问界面使用。

添加 IP 五元组(sip、dip、sport、dport 和 protocol)过滤转发规则。其中 static 为可选项,表示静态规则。five_tuple_class_entry 表示 IP 五元组(sip、dip、sport、dport 和 protocol)一项或者多项的组合。drop 表示丢弃,action_id:转发行为编号,取值范围:1～31。

```
add［static］rule <five_tuple_class_entry>　{drop |action action_id }// 添加五元组
规则
```

添加 tcpflag 规则，tcpflag 值可为 ack、urg、syn、fin、psh、rst、！ ack、！ urg、！ syn、！
fin、！ psh、！ rst。一次可以配置 6 个标志位中的任意一个或多个，多个以逗号"，"间隔。

```
add［static］rule tcpflag=<tcpflag>  {drop |action action_id }// 添加 tcpflag 规则
```

添加固定位置特征码规则——UD 规则：系统支持 36 个 UD，每个 UD 的字节长度为 2，
编号为 ud0～ud35。UD 规则使用前，需要配置特征码偏移量。当一条规则中含多个 UD
时，多个 UD 必须同时匹配才算命中。默认 ud0 是偏移量后的第 1～2 个字节，ud1 是偏移量
后的第 3～4 个字节，ud2 是偏移量后的第 5～6 个字节……ud35 是偏移量后的第 71～72 个
字节。

```
//添加固定位置特征码规则
add［static］rule ud<id>=<ud> ud<id>=< ud> ... {drop |action action_id }
//配置特征码偏移量
set ud all mode < head|l2|l3|l4>  offset < value>
```

增加复合规则，复合规则是指一条 UD 规则和一条五元组规则复合，UD 规则和五元组
规则同时命中才算命中复合规则，复合规则命中后，按五元组的规则行为进行转发。

添加复合规则时，需先添加 UD 规则，再添加复合五元组规则。其中 UD 规则的
compound_ud 字段，1 表示复合，0 表示不复合，默认为 0，即不复合，当配置复合规则时，需
要将该字段置 1。五元组规则中，association_ud1 表示复合 ud 规则的规则 ID，即 customer_
rule_id 值。一条五元组规则可最多复合 4 条 UD 规则，分别使用 association_ ud1,
association_ud2,association_ud3 和 association_ud4。

```
add［static］rule ud<id>=<ud>  compound_ud=1 {drop |action action_id }  customer_rule
_id=< rule id>
add［static］rule < five_tuple_class_entry>  association_ud1=<customer_rule_id>{drop
|action action_id }
```

查询、查看、删除规则。其中 class_entry 指五元组表项、ud 表项、tcpflag 表项。

```
check rule < class_entry> // 查询规则
delete rule { < class_entry> | all }// 删除规则
show rule// 查看规则
```

20.3.5　转发管理

对报文分流转发的负载均衡方式进行配置，设置报文支持配置匹配规则转发行为或默
认转发行为，可按需求添删输出端口组中的端口。命令可以在业务用户和管理员用户访问
界面使用。

配置转发行为，包括丢弃、按照输出组负载均衡转发。action_id：转发行为编号，取值范
围：1～31,default。outgroup_id：输出组（outgroup）编号。系统支持 255 个 outgroup，编号
为 1～255。

```
set action <action_id>  {drop|outgroup < outgroup_id> }
```

配置系统转发到某个输出组的流量的负载均衡分流方式。s:按源 IP 地址进行负载均衡,d:按目的 IP 地址进行负载均衡,sd:按源、目的 IP 进行负载均衡,sdsd:按源、目的 IP,源、目的端口四元组进行负载均衡,sdsdp:按源、目的 IP,源、目的端口和协议号五元组进行负载均衡,rr：RoundRobin(轮询)方式转发,默认按照 sdsdp 的负载均衡方式。

```
set outgroup < outgroup_id> hashmode < up|down>  < s|d|sd|sdsd|sdsdp|rr>
```

添加端口到输出端口组;删除输出端口组中的某个、某几个或全部端口。s/m/i:端口号参数(s:槽位号;m:模块号;i:端口号。可以是单个端口、以逗号隔开的端口列表、或用"－"表示的端口范围),支持" * "通配符。

```
add outgroup < outgroup_id> < s/m/i>
delete outgroup < outgroup_id> < s/m/i>
```

20.3.6　数据处理

配置数据采样功能、输出报头比例等。FH-GW-C03-100G-JK 系列产品的数据处理功能,主要包括配置用户数据默认转发行为、未知数据包处理、报头采样、配置头部转发等。

配置未匹配过滤转发规则的流量按默认行为丢弃或者是转发到某输出组,drop 表示丢弃,fw 表示转发至输出组,outgroup_id 表示输出组(outgroup)编号。

```
set user default   {drop| fw outgroup < outgroup_id> }    // 配置用户数据默认转发行为
set unknown packet {drop| fw outgroup < outgroup_id> }    // 配置未识别数据包处理行为
```

打开报文头输出功能后,系统支持将原始报文的网络层及传输层首部输出。配置报文头输出比例,采样范围为 1/1000 到 1/1,指令中所填的数字 scale 为采样比的分母,默认值为1。

```
set fwhead {enable|disable}        // 打开/关闭报文头输出功能
set fwhead sample scale < scale>    // 配置报文头输出比例
set fwhead outgroup < outgroup_id> // 配置报文头输出转发行为
```

退出。如果是通过远程方式登录(telnet),在退回未登录状态的同时断开本次连接。此命令的作用是退出运行模式。

```
exit// 退出
```

20.3.7　报文接收

通过万兆光纤网卡连接流量采集器与报文接收机,启动报文接收机上的 tcpdump 或 Wireshark 对指定网卡的报文进行捕获并存入 .cap 文件中。tcpdump 是一个运行在命令行下的抓包工具,它允许用户拦截和显示发送或收到过网络连接到该计算机的 TCP/IP 和其他数据包,tcpdump 适用于类 Unix 操作系统(如 Linux、BSD 等)。

```
//使用 tcpdump 或 Wireshark 软件进行报文捕获与解析,Linux 下示例
```

```
tcpdump - i em1 - w case1. cap              // tcpdump 捕获命令
tshark - i em1 - w case1. cap               // Wireshark 捕获命令
```

Wireshark 软件听包时界面展示如图 20.6 所示。

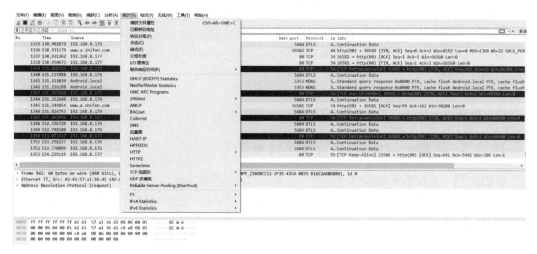

图 20.6　Wireshark 软件听包界面展示

20.4　实验案例

20.4.1　软硬件环境

特定报文采集实验案例的软硬件环境如下,其中硬件包含主干网分光后的光纤(作为输入)、采集器(100G/40G)、报文接收机配置(10G 光纤)、万兆光纤网卡(开启混杂模式)、配置用笔记本电脑(X-term、Putty、Xshell 等系统);软件包含 tcpdump(4.5.1 版本)、Wireshark(3.6.7 版本)(见表 20.4)。

表 20.4　特定报文采集软硬件环境

软/硬件	设备	版本/配置	说明
硬件	光纤	100G	主干网分光后的光纤
	采集器	100G/40G	FH-GW-C03-100G-JK 系列产品,流量采集过滤转发
	报文接收机	10G 光纤	接收报文的设备
	万兆光纤网卡	混杂模式	用于连接采集器与报文接收机
	配置用笔记本	X-term、Putty、Xshell 等系统	用于控制采集器相关配置
软件	tcpdump	4.5.1 版本	报文过滤工具
	Wireshark	3.6.7 版本	报文侦听解析工具

20.4.2　实验准备及步骤

(1)检查分光环境:检查光纤是否有光信号传入,将光纤对着纸能看见红色光点。切记光纤不能对着眼睛,以免灼伤视网膜。

(2)检查设备连接情况:光纤法兰插入采集器转换卡,检查是否有松动。转换卡、线卡、后 IO 卡、主板是否紧密插入机箱。配置用笔记本电脑的网线是否和设备的管理串口连接正常。后 IO 卡与报文接收机之间的光纤法兰是否连接紧密。

(3)检查设备状态:通电后设备指示灯是否正常工作。

(4)打开配置用笔记本电脑终端(系统为 X-term、Putty、Xshell 等),配置好串口,用命令行检测设备状态。

(5)用相应的命令设置规则。

(6)启动报文接收机上的 tcpdump 或 Wireshark 进行报文接收与解析。

20.4.3　案例一:针对特定报文下放流量

我们使用一台配置用笔记本电脑、一台报文采集设备(FH-GW-C03-100G-JK)和一台报文接收设备,采集接入光纤中报文域名为".baidu.com"(百度相关域名)对应的流量。规定采用源、目的 IP,源、目的端口,协议号五元组进行负载均衡,设置业务流输出至槽位 1 模块 f 端口 1—5 中,将没有匹配过滤转发规则的数据包丢弃,报文头输出比例为 1/200。

第一,在本地登录流量采集设备和报文接收机,查询报文接收机对应的 MAC 地址(见图 20.7)。

```
ifconfig
```

```
(FUDE-1.1.0@AS6U3.amd64)[root@IAO-HM ~]# ifconfig
em1        Link encap:Ethernet  HWaddr 18:66:DA:5E:18:9F
           inet addr:172.16.26.82  Bcast:172.16.26.255  Mask:255.255.255.0
           inet6 addr: fe80::1a66:daff:fe5e:189f/64 Scope:Link
           UP BROADCAST RUNNING MULTICAST  MTU:1500  Metric:1
           RX packets:647599145 errors:664 dropped:0 overruns:347 frame:317
           TX packets:370496025 errors:0 dropped:0 overruns:0 carrier:0
           collisions:0 txqueuelen:1000
           RX bytes:830133194198 (773.1 GiB)  TX bytes:379407673188 (353.3 GiB)
           Interrupt:40 Memory:95000000-957fffff

lo         Link encap:Local Loopback
           inet addr:127.0.0.1  Mask:255.0.0.0
           inet6 addr: ::1/128 Scope:Host
           UP LOOPBACK RUNNING  MTU:16436  Metric:1
           RX packets:61138999 errors:0 dropped:0 overruns:0 frame:0
           TX packets:61138999 errors:0 dropped:0 overruns:0 carrier:0
           collisions:0 txqueuelen:0
           RX bytes:7600645271 (7.0 GiB)  TX bytes:7600645271 (7.0 GiB)
```

图 20.7　Wireshark 软件界面展示

第二,根据报文采集需求,完成端口配置、规则配置、转发配置等。

```
//系统管理及端口配置
arp add < 18:66:DA:5E:18:9F>                   // ARP 表中增加报文接收机 MAC 地址
alloc user 1 outport 1/f/1- 5                  // 采集器端口配置
alloc user 1 rule type no_mask entry 400000    //为用户分配各类规则资源,支持 40 万条规则
alloc rule entrynum apply                      // 执行当前资源分配方案

//规则配置
set ud all mode l3 offset 11                   //从第三层开始,计算 11 个字节偏移量
```

```
add rule ud0= 0x2e62/0xffff ud1= 0x6169/0xffff ud2= 0x6475/0xffff ud3= 0x2e63/0xffff
ud4= 0x6f6d/0xffff action 1              //设置固定位置特征码规则为. baidu. com

//数据处理
set user default drop                   //将没有匹配过滤转发规则的数据包丢弃
set fwhead enable                       // 将原始报文的网络层及传输层首部输出
set fwhead sample scale 200             // 设置报文头输出比例为 1/200
set fwhead outgroup 1                   // 配置报文头数据包的输出端口

//转发管理
add outgroup 1 1/f/1- 5                 //添加输出端口到输出端口组
set action 1 outgroup 1                 //设定转发规则
set outgroup 1 hashmode up sdsdp        //设定负载均衡方式

//保存后退出
save configuration                      // 保存配置
exit                                    // 退出终端
```

第三,使用报文接收机的 tcpdump 或 Wireshark 对万兆光纤网卡转入的报文进行拦截,将 em1 网卡的报文抓取到 case1. cap 文件中,验证采集报文的规则正确性,如图 20.8 所示。

```
//使用 tcpdump 或 Wireshark 软件进行报文捕获与解析,Linux 下示例
tcpdump - i em1 - w case1. cap              // tcpdump 捕获命令
tshark - i em1 - w case1. cap               // Wireshark 捕获命令
```

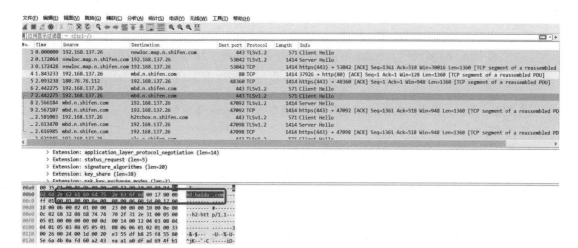

图 20.8　case1. cap 文件的 Wireshark 展示界面

20.4.4　案例二:针对特定 IP 下放流量

我们使用一台配置用笔记本电脑、一台报文采集设备(FH-GW-C03-100G-JK)和一台报文接收设备,采集接入光纤中目的 IP 地址为 157. 255. 77. 135(百度相关 IP)对应的流量。规定采用源目的 IP、源目的端口、协议号五元组进行负载均衡,设置业务流输出至槽位 1 模块 f 端口 1-5 中,将没有匹配过滤转发规则的数据包丢弃,报文头输出比例为 1/100。

第一,在本地登录流量采集设备和报文接收机,查询报文接收机对应的 MAC 地址。

第二,根据报文采集需求,完成端口配置、规则配置、转发配置等。

```
//系统管理及端口配置
arp add < 18:66:DA:5E:18:9F>                // ARP 表中增加报文接收机 MAC 地址
alloc user 1 outport 1/f/1- 5              // 采集器端口配置
alloc user 1 rule type no_mask entry 400000 //为用户分配各类规则资源,支持 40 万条规则
alloc rule entrynum apply                  // 执行当前资源分配方案


//规则配置
add rule dip= 157. 255. 77. 125 action 1    //设定 IP 规则


//数据处理
set user default drop                       //将没有匹配过滤转发规则的数据包丢弃
set fwhead enable                           // 将原始报文的网络层及传输层首部输出
set fwhead sample scale 100                 // 设置报文头输出比例为 1/100
set fwhead outgroup 1                        // 配置报文头数据包的输出端口


//转发管理
add outgroup 1 1/f/1- 5                      //添加输出端口到输出端口组
set action 1 outgroup 1                     //设定转发规则
set outgroup 1 hashmode up sdsdp            //设定负载均衡方式


//保存后退出
save configuration                          // 保存配置
exit                                        // 退出终端
```

第三,使用报文接收机的 tcpdump 或 Wireshark 对万兆光纤网卡转入的报文进行拦截,将 em1 网卡的报文抓取到 case2. cap 文件中,验证采集报文的规则正确性,如图 20.9 所示。

```
//使用 tcpdump 或 Wireshark 软件进行报文捕获与解析,Linux 下示例
tcpdump - i em1 - w case2. cap            // tcpdump 捕获命令
tshark - i em1 - w case2. cap             // Wireshark 捕获命令
```

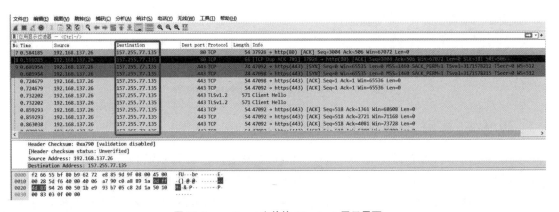

图 20.9　case2. cap 文件的 Wireshark 展示界面

20.4.5　案例三:针对特定端口下放流量

我们使用一台配置用笔记本电脑、一台报文采集设备(FH−GW−C03−100G−JK)和一台报文接收设备,采集接入光纤中目的端口为 80 对应的流量。规定采用源、目的 IP,源、目的端口四元组进行负载均衡;设置业务流输出至槽位 1 模块 f 端口 1−5 中,将没有匹配过滤转发规则的数据包丢弃,报文头输出比例为 1/100。

第一,在本地登录报文采集设备和报文接收机,查询报文接收机对应的 MAC 地址。

第二,根据报文采集需求,完成端口配置、规则配置、转发配置等。

```
//系统管理及端口配置
arp add < 18:66:DA:5E:18:9F>              // ARP 表中增加报文接收机 MAC 地址
alloc user 1 outport 1/f/1- 5            // 采集器端口配置
alloc user 1 rule type no_mask entry 400000  //为用户分配各类规则资源,支持 40 万条规则
alloc rule entrynum apply               // 执行当前资源分配方案

//规则配置
add rule dport= 80 action 1             // 设定端口规则

//数据处理
set user default drop                   //将没有匹配过滤转发规则的数据包丢弃
set fwhead enable                       // 将原始报文的网络层及传输层首部输出
set fwhead sample scale 100             // 设置报文头输出比例为 1/100
set fwhead outgroup 1                   // 配置报文头数据包的输出端口

//转发管理
add outgroup 1 1/f/1- 5                 //添加输出端口到输出端口组
set action 1 outgroup 1                 //设定转发规则
set outgroup 1 hashmode up sdsd         //设定负载均衡方式

//保存后退出
save configuration                      // 保存配置
exit                                    // 退出终端
```

第三,使用报文接收机的 tcpdump 或 Wireshark 对万兆光纤网卡转入的报文进行拦截,将 em1 网卡的报文抓取到 case3. cap 文件中,验证采集报文的规则正确性,如图 20.10 所示。

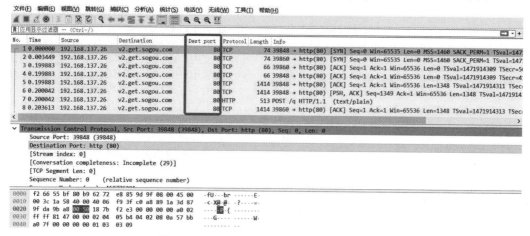

图 20.10　case3. cap 文件的 Wireshark 展示界面

//使用 tcpdump 或 Wireshark 软件进行报文捕获与解析，Linux 下示例

```
tcpdump -i em1 -w case3.cap              // tcpdump 捕获命令
tshark -i em1 -w case3.cap               // Wireshark 捕获命令
```

20.5　附录

采集器相关命令：

```
exit                                          //退出运行模式/退出终端
show system                                   //显示系统信息
show slot [slot_id] info                      // 显示板卡信息
show board status                             // 显示板卡状态
show board info                               // 显示板卡信息
show configuration                            // 显示当前配置
save configuration                            // 保存配置
restore configuration                         // 恢复出厂配置
set device id device_id                       // 配置设备的 ID
set system time "y/m/d h:m:s"                 // 配置系统时间
reboot                                        // 重启系统
reboot slot slot_id                           // 重启指定槽位板卡
reboot slot all                               // 重启所有板卡
set client connnect max int                   // 设置客户端最大连接数
show client connetc max                        // 显示客户端最大连接数
add trusted hostip < ip>                      // 添加信任的 IP 地址
delete trusted hostip < ip>                   // 删除信任的 IP 地址
arp show                                       // 查看 ARP 表项
arp add <ip>  <mac>                           // 添加 ARP 表项
arp delete <ip>                               // 删除 ARP 表项
route show                                     // 查看路由表项
route {add|delete} net <ip> netmask <ip> gw <ip> // 添加或删除一条 net 路由表项
route {add|delete} host <ip>  gw <ip>         //添加或删除一条 host 路由表项
show interface <s/m/i> info                   // 查看端口光功率
show interface <s/m/i>  counter                // 查看端口计数器
clear interface <s/m/i>  counter               // 清除端口计数器
set strip head {enable|disable}               // 打开/关闭报文首部剥离功能
set fillhead {enable|disable}                 // 打开/关闭输出报文信息携带功能
set ip search mode {outside|inside}           // 配置 IP 内外层匹配
set user autobind {enable|disable}            // 打开/关闭特征码动态绑定五元组规则功能
set user autobind aging time < 1- 600>        // 配置用户特征码动态绑定五元组规则老化时间
set user autobind max num< num>               // 配置用户特征码动态绑定五元组规则数的容量
show autobind real num                        // 查看动态绑定五元组数量
set packet sample {enable|disable}            // 打开/关闭数据采样功能
set packet sample scale < scale>              // 配置数据采样比
set packet sample hash update time < int>     // 配置采样 hash 周期
set packet sample outgroup < outgroup_id>     // 配置采样数据包转发行为
// SNMP 配置
snmp {start|stop|restart}                     // 启用/禁用/重启 SNMP
snmp restore configuration                    // 恢复 SNMP 默认配置
snmp show configuration                       // 显示 SNMP 配置
snmp show status                              // 显示 SNMP 运行状态
```

参考文献

［1］毕晓东. 网络安全虚拟仿真靶场设计与实现［J］. 计算机时代，2022(10)：29－32.

［2］Docker docs. Docker overview［EB/OL］. ［2023－04－21］. https://docs. docker. com/get-started/overview/.

［3］曲荣欣，刘星，傅迪述. BGP 仿真系统的设计与实现［J］. 计算机工程，2004，30(6)：61－62.

［4］龙恒. Linux 流控工具 TC 的原理及实用案例分析［J］. 计算机与现代化，2010(11)：80－84.

［5］BIRD project. The BIRD Internet Routing Daemon［EB/OL］. (2020－11－23)［2023－04－21］. https://bird. network. cz/index.

［6］MartinGarcia L. Tcpdump&Libpcap［DB］. TCPDUMP/LIBPCAP public repository, 2010.

［7］McCanne S, Jacobson V. The BSD packet filter：A new architecture for user-level packet capture［C］// Winter USENIX conference, January 25－29, 1993, San Diego, CA, 1993：46－56.

［8］Tcpdump&Libpcap. PCAP(3PCAP) man page［EB/OL］. (2020－09－09)［2023－05－13］. https://www. tcpdump. org/manpages/pcap. 3pcap. html.

［9］史冰，吴连国，丁伟. IP 地址前缀保留匿名化算法的改进［J］. 微电子学与计算机，2007，24(10)：167－170.

［10］Xu J, Fan J L, Ammar M H, et al. Prefix-preserving IP address anonymization：Measurement-based security evaluation and a new cryptography-based scheme［C］// 10th IEEE International Conference on Network Protocols, November 12－15, 2002, Paris, France. IEEE, 2003：280－289.

［11］Daemen J, Rijmen V. The design of Rijndael［M］. New York：Springer-verlag, 2002.

［12］Pradkin Y. cryptopANT-IP address anonymization library［DB/OL］. (2018－10－13)［2023－04－18］. https://ant. isi. edu/software/cryptopANT/index. html.

［13］Bagnulo M, Matthews P, van Beijnum I. Stateful NAT64：Network address and protocol translation from IPv6 clients to IPv4 servers［J］. RFC, 2011, 6146：1－45.

［14］Harris G. Libpcap file format［EB/OL］. (2020－08－11)［2023－04－11］. https://wiki. wireshark. org/Development/LibpcapFileFormat.

［15］Postel J. RFC0791：Internet protocol［R］. RFC791, 1981.

［16］Postel J. RFC0793：Transmission control protocol［R］. RFC 793,1981.

［17］Postel J. RFC0768：User datagram protocol［R］. RFC 768,1980.

［18］Deering S, Hinden R. Internet protocol, version 6 (IPv6) specification［R］. RFC 8200,2017.

[19] 高维国. 流量抽样关键技术研究[J]. 软件，2012，33(12)252 - 256.

[20] 李雪梅，王洪源. 网络流量抽样测量技术综述[J]. 科技信息，2011(09)：61,117.

[21] 王海涛. IP 网络抽样测量技术及其应用[J]. 电信快报，2011(3)：8 - 10.

[22] 王海涛，吴连才，武媛媛. 基于掩码匹配的 IP 网络抽样测量系统的设计和实现[J]. 数据通信，2011(2)：18 - 21.

[23] 程光，龚俭，丁伟. 基于分组标识的网络流量抽样测量模型[J]. 电子学报，2002，30(12A)：1986 - 1990.

[24] Molina M，Niccolini S，Duffield N. A comparative experimental study of hash functions applied to packet sampling[C]//Proc. of International Teletraffic Congress (ITC). 2005.

[25] 程光，龚俭，丁伟，等. 面向 IP 流测量的哈希算法研究[J]. 软件学报，2005，16(5)：652 - 658.

[26] 强士卿，程光. 基于流的哈希函数比较分析研究[J]. 南京师范大学学报(工程技术版)，2008，8(4)：25 - 28.

[27] Colin A. Algorithm alley[J]. Dr Dobb's Journal-Software Tools for the Professional Programmer，1996，21(6)：107 - 110.

[28] Zseby T，Molina M，Duffield N，et al. Sampling and filtering techniques for IP packet selection[R]. RFC 5475，2008.

[29] Chen J J，Cheung W K，Wang A R. APhash：anchor-based probability hashing for image retrieval[C]//2018 IEEE International Conference on Acoustics，Speech and Signal Processing (ICASSP). April 15 - 20，2018，Calgary，AB，Canada. IEEE，2018：1673 - 1677.

[30] Kernighan B W，Ritchie D M. The C programming language[M]. 2nd ed. New Jersey：Prentice Hall，1988.

[31] Estan C，Varghese G，Fisk M. Bitmap algorithms for counting active flows on high-speed links[J]. IEEE/ACM Transactions on Networking，2006，14(5)：925 - 937.

[32] Wang J，Liu W，Zheng L，et al. A novel algorithm for detecting superpoints based on reversible virtual bitmaps[J]. Journal of Information Security and Applications，2019，49：102403.

[33] 周爱平，程光，郭晓军. 高速网络流量测量方法[J]. 软件学报，2014，25(1)：135 - 153.

[34] Panigrahi R，Borah S. A detailed analysis of CICIDS2017 dataset for designing Intrusion Detection Systems[J]. International Journal of Engineering & Technology，2018，7(3)：479 - 482.

[35] Bloom B H. Space/time trade-offs in hash coding with allowable errors[J]. Communications of the ACM，1970，13(7)：422 - 426.

[36] Tarkoma S，Rothenberg C E，Lagerspetz E. Theory and practice of bloom filters for distributed systems[J]. IEEE Communications Surveys & Tutorials，2012，14(1)：131 - 155.

[37] 肖明忠，代亚非. Bloom Filter 及其应用综述[J]. 计算机科学，2004，31(4)：180 - 183.

［38］ Rothenberg C E，Macapuna C A B，Verdi F L，et al. The deletable Bloom filter：A new member of the Bloom family[J]. IEEE Communications Letters，2010，14(6)：557 - 559.

［39］ Matsumoto Y，Hazeyama H，Kadobayashi Y. Adaptive bloom filter：A space-efficient counting algorithm for unpredictable network traffic[J]. IEICE Transactions on Information and Systems，2008，91(5)：1292 - 1299.

［40］ Cormode G，Muthukrishnan S. An improved data stream summary：The count-min sketch and its applications[J]. Journal of Algorithms，2005，55(1)：58 - 75.

［41］ 冯辉. 基于 Sketch 结构的网络流量测量方法研究[D]. 济南：山东大学,2021.

［42］ 任高明. 网络流量测量中的 Sketch 方法[J]. 电子世界,2020(12):122 - 123.

［43］ 罗玲,殷保群,曹杰. 基于 Sketch 数据结构与正则性分布的骨干网流量异常分析与识别[J]. 系统科学与数学,2015,35(1):1 - 8.

［44］ Cormode G. Data sketching[J]. Communications of the ACM，2017，60(9)：48 - 55.

［45］ Dai X L，Cheng G，Yu Z Y，et al. MSLCFinder：An algorithm in limited resources environment for finding top-k elephant flows[J]. Applied Sciences，2022，13(1)：575.

［46］ Estan C，Keys K，Moore D，et al. Building a better NetFlow[J]. ACM SIGCOMM Computer Communication Review，2004，34(4)：245 - 256.

［47］ Yang T，Zhang H W，Li J Y，et al. HeavyKeeper：An accurate algorithm for finding Top-k elephant flows[J]. IEEE/ACM Transactions on Networking，2019，27(5)：1845 - 1858.

［48］ Demaine E D，López-Ortiz A，Munro J I. Frequency estimation of Internet packet streams with limited space［M］//Algorithms—ESA 2002. Berlin，Heidelberg：Springer，2002：348 - 360.

［49］ Wang W P. An efficient algorithm for mining approximate frequent item over data streams[J]. Journal of Software，2007，18(4)：884.

［50］ Manku G S，Motwani R. Approximate frequency counts over data streams［M］//VLDB'02：Proceedings of the 28th International Conference on Very Large Databases. Amsterdam：Elsevier，2002：346 - 357.

［51］ Metwally A，Agrawal D，El Abbadi A. Efficient computation of frequent and top-k elements in data streams［C］//Eiter T，Libkin L. International Conference on Database Theory. Berlin，Heidelberg：Springer，2004：398 - 412.

［52］ Ben-Basat R，Einziger G，Friedman R，et al. Heavy hitters in streams and sliding windows［C］//IEEE INFOCOM 2016—The 35th Annual IEEE International Conference on Computer Communications. April 10 - 14，2016，San Francisco，CA，USA. IEEE，2016：1 - 9.

［53］ Callado A，Kamienski C，Szabó G，et al. A survey on Internet traffic identification[J]. IEEE Communications Surveys & Tutorials，2009，11(3)：37 - 52.

［54］ Moore A，Zuev D，Crogan M. Discriminators for use in flow-based classification[R]. Technical Report，2013.

[55] Michell T. Machine learning [M]. New York: McGraw Hill, 1997.

[56] Breiman L. Random forests[J]. Machine Learning, 2001, 45: 5 - 32.

[57] Hinton G E, Osindero S, Teh Y W. A fast learning algorithm for deep belief nets [J]. Neural Computation, 2006, 18(7): 1527 - 1554.

[58] 张宏莉, 方滨兴, 胡铭曾, 等. Internet 测量与分析综述[J]. 软件学报, 2003, 14(1): 110 - 116.

[59] Kalita L. Socket programming[J]. International Journal of Computer Science and Information Technologies, 2014, 5(3): 4802 - 4807.

[60] Postel J. Internet control message protocol[J]. RFC 777, 1981.

[61] SEED project. Packet Sniffing and Spoofing Lab[EB/OL]. (2020 - 01 - 01) [2023 - 03 - 13]. https://seedsecuritylabs. org/Labs _ 20. 04/Networking/Sniffing _ Spoofing/.

[62] 毛剑, 刘建伟. 网络安全创新实验教程: 微课版[M]. 北京: 清华大学出版社, 2023.

[63] 王朝栋, 张雪帆, 栾少群. 轻量级漏洞扫描技术在工控网络的应用[J]. 信息技术与网络安全, 2019, 38(12): 86 - 89.

[64] 刘振宪, 王津涛, 侯德, 等. 基于原始套接字的网络安全研究与实现[J]. 计算机工程与设计, 2006, 27(5): 768 - 770, 779.

[65] 石乐义, 戚平, 张千, 等. 基于 Linux 平台的原始套接字网络协议分析实验设计[C]//第六届全国高校计算机网络教学暨网络工程专业建设研讨会论文集, 2013: 54 - 58.

[66] Basham B, Sierra K, Bates B. Head first servlets and JSP: Passing the Sun certified web component developer exam[M]. Sevastopol, CA: O'Reilly Media, Inc. , 2004.

[67] Stevens W R, Fenner B, Rudoff A M. UNIX Network Programming Volume 1[M]. 3rd ed. Boston: Addison-Wesley Professional, 2003.

[68] Kerrisk M. The Linux programming interface: a Linux and UNIX system programming handbook[M]. San Francisco: No Starch Press, 2010.

[69] Jiang H, Dovrolis C. Passive estimation of TCP round − trip times [J]. ACM SIGCOMM Computer Communication Review, 2002, 32(3): 75 - 88.

[70] Cleary J . Design principles for accurate passive measurement[C]//Proceedings of PAM2000: The First Passive and Active Measurement Workshop, 2010.

[71] PaxsonV , Allman M . Computing TCPs Retransmission Timer[C]// Meeting of the Internet Engineering Task Force. IETF, 2000.

[72] Mortier R, Pratt I, Clark C, et al. Implicit admission control[J]. IEEE Journal on Selected Areas in Communications, 2000, 18(12): 2629 - 2639.

[73] Allman M, Eddy W M, Ostermann S. Estimating loss rates with TCP[J]. ACM SIGMETRICS Performance Evaluation Review, 2003, 31(3): 12 - 24.

[74] Lai K, Baker M. Measuring link bandwidths using a deterministic model of packet delay [C]//Proceedings of the Conference on Applications, Technologies, Architectures, and Protocols for Computer Communication. 28 August 2000, Stockholm, Sweden. New York: ACM, 2000: 283 - 294.